シリーズ
いま日本の「農」を問う
12

現代に生きる日本の農業思想

安藤昌益から新渡戸稲造まで

並松信久／王　秀文／三浦忠司［著］

ミネルヴァ書房

刊行にあたって

「農業」関連の議論や報道が活発化している。これまで農業問題というと、農業研究者や生産者、農林水産省・JA関係者だけの問題と考えられ、とくに都市部の住民は関心が薄かった。ところが、ここへきて急に農業問題がクローズアップされ一般市民の関心を集めている背景には、世界規模での社会情勢の変化がある。マスコミが発信する記事からは、研究機関・穀物メジャーや大商社・食品関連企業・農林水産省などからの新しい農業の動向が伝えられる。また食料自給率や食料安全保障という考え方が市民に浸透し、日本の食料問題は、世界の政治・経済や気候条件と無関係ではないという事実を強く感じさせる。

また環境問題や食の安全問題は、自分自身の問題として、我々の日常に無関係ではなくなっている。しかし肥料の過剰投与や化学農薬による土壌や水質汚染、遺伝子組換え種子の問題は、それをセンセーショナルに否定的にとらえる論調ばかりが目立ち、実際のところはどうなのか、という冷静な判断ができにくくなっている。

一方で、化学肥料や農薬を使わない「有機農業」や、そもそも肥料も農薬も使わない「自然農法」の存在がきわめて魅力的に語られ、環境や食の安全に関心のある人々を惹きつけている。しかし、実際のところはどうなのか、現実にはどの程度実現しているのか、という冷静で客観的な判断は、残念ながらあまり目にする機会がない。これは原発の自然エネルギーへの代替可能性論議に似ている。

本シリーズを企画するにあたり、センセーショナルな論者ではなく、科学的かつ客観的で冷静な、あるいは農業の実践者ならではの経験蓄積から語られる、説得力のある言葉をもつ筆者にお願いした。そのため執筆者の範囲はたいへん広くなり、大学や研究機関の研究者では、農学にとどまらず、生物学、植物遺伝学、文化人類学、経済学、哲学、歴史学、社会学にまでおよぶこととなった。研究者以外では、穀物メジャーや大商社の現役商社マン、世界規模の化学会社、種苗会社、食品関連企業、また農業関係のジャーナリストやコンサルタント、大規模農家、農業関連NPOの代表や農業ベンチャーの経営者まで幅広い。その結果、執筆者の年齢も三〇代はじめから七〇代まで広がった。また筆者選定にあたり、TPPに賛成か反対か、遺伝子組換え問題に賛成か反対かという立場を「踏み絵」的条件にすることを避けた。

この企画作業の過程で、「農業」という人間の営みがもつ多面的な姿に気付かされることになった。「農業」は生産活動である前にまず「文化的な営み」であることを感じ、企画の基調に「農業は文化である」という視点を立てることとなった。

この広範な視野を取り込む編集作業にあたり、多くの方のご協力、ご教示を得た。ここに記し、深く感謝する次第である。

平成二六年五月

本シリーズ企画委員会

現代に生きる日本の農業思想——安藤昌益から新渡戸稲造まで　目次

目次

本文DTP　AND・K
企画・編集　エディシオン・アルシーヴ

第1章　グローバル化のなかの農業思想

——内村鑑三と新渡戸稲造——

並松信久

並松信久

（なみまつ　のぶひさ）

1952年，大阪府生まれ。
京都産業大学経済学部教授。

1976年，京都大学農学部農林経済学科卒業。81年，京都大学大学院農学研究科単位取得満期退学。2001年，京都産業大学経済学部教授，現在に至る。国際二宮尊徳思想学会会長。主な書著に『報徳思想と近代京都』（昭和堂，2010年），『近代日本の農業政策論――地域の自立を唱えた先人たち』（昭和堂，2012年）など。また主な論文に「現代中国と報徳思想研究――現代中国がなぜ報徳思想に注目するのか」（『京都産業大学日本文化研究所紀要』第７・８合併号，2003年），「アジアの農業問題と報徳思想」（『京都産業大学日本文化研究所紀要』第12・13合併号，2008年）など多数。

1　グローバル化とは

日本最初の「グローバル化」

今、世界経済においては、グローバル化が声高に主張されている。あたかも特定の産業や国内雇用を保護するのは誤りであり、規制の撤廃こそ唯一の成長の道であるとされ、グローバル化は歴史の必然であるかのように言われている。しかしグローバル化は必ずしも世界経済の成長を導くというわけではない。一国の国内市場が規制や政治制度によって支えられているのに対して、グローバル経済は統治する制度（主に互酬や信頼に基づいた長期的な関係、信用システム、第三者の強制力など）に乏しいという欠点があり、そのために不安定で非効率なものとなりがちである。さらに貿易や国際金融は本質的に国内での交換に比べると、取引費用は高くなる傾向を持つ。

グローバル化の風潮を反映して、農産物貿易の自由化をめぐる問題が注目を集めている。わが国では農産物輸入が拡大する一方、農業の衰退が進行している。そこで「保護」と「自由」をめぐる議論が活発になっている。しかしながらこの議論は時として観念的なものになる傾向が強く、わが国農業の現状および世界の食料事情を客観的にとらえたものでないことが多い。わが国では農業の衰退傾向に歯止めがかからない一方で、食料は過剰ともいえる状態にある。これに対して世界には農業インフラが整わず、災害や紛争によって食料不足に陥り、飢餓状態にある地域が多くある。わが国に限らず一般的に、先進国では食料過剰状態の「農業問題」、開発途上国では食料不足状態の「食料問題」が発生している。これらの問題はもはや一国内の市場や政治制度だけでは解決が困難である。そうであるからと言って、グローバル化の推進によって問題を根本的に解消できるとは限らない。

第一次グローバル化は一九世紀に始まった

ところでグローバル化は近年になってはじめて起こったわけではない。すでに一九世紀から二〇世紀初頭にかけて起こっている。この時期にグローバル化が可能となったのは、経済自由主義と金本位制という信用システムの構築があり、主にヨーロッパ先進国が第三者の強制力を発揮したからに他ならない。いわゆる帝国主義の時代である。そしてイギリスのみがこの時代に一貫して貿易開放政策を取り続けた。イギリスが主導権を握るグローバル化であった。これを第一次グローバル化と名づけるとすれば、現在は第二次ないし第三次のグローバル化が進んでいる。第一次グローバル化から、ある国家の世界経済に占める地位や、貿易政策が社会的政治的対立にどのように影響するかによって、自由貿易は反動的にも進歩的にもなることがわかる。自由貿易の評価は時として極端に変化するので、本質的にグローバル化によって農業問題と食料問題を解消することは困難である。しかも自由貿易の評価の変化によってもっとも打撃を受けるのは、国の如何を問わず農民である。

第一次グローバル化が進んだ時期に、わが国はグローバル化の波を受ける一方で、日露戦争後にナショナリズムが高まりをみせる。これを背景として農業をめぐる議論も多くみられるようになる。こういった状況のなかで、国内外で注目された二つの著書がある。一つは内村鑑三（一八六一～一九三〇、以下は内村）の著書『代表的日本人』であり、もう一つが新渡戸《にとべ》稲造（一八六二～一九三三、以下は新渡戸）の著書『武士道』

図１　内村鑑三
写真提供：今井館教友会。

図2　新渡戸稲造
写真提供：新渡戸常憲氏。

である。二つの著書はともに、当初は英文で発表された著書（一八九四年）であったが、翻訳されて日本国内でも刊行され、大きな反響があった。二つの著書は、日本人の倫理や精神の問題が問われるたびに引き合いに出され、海外における日本紹介では、必ずといってよいほど引用されている。

　内村と新渡戸には、それぞれの著書において共通点がある。それは宗教や学問（科学）において欧米の影響を受けると同時に、独特の国家観をもった国際人の視点をもって書かれた著書という点である。具体的にはキリスト教という宗教、農学あるいは農政学という学問であり、いずれも欧米の影響を受けている。しかし二人はたんに欧米の宗教や学問の紹介につとめたのではなく、宗教や学問によって日本という国家や伝統について見直しをして、グローバル化のなかで国際的な位置づけを図っている。

これとは対照的に、わが国の農本主義（近代の工業化が進展する過程で、国家の基盤は農業や農村であるという考えに基づき、その存続を目指す思想）においては、とくに一九二〇年代以降の農村恐慌のもとで反近代主義や体制批判的な特徴を強めていったが、国家という枠組みがついてまわり、国際性という点ではきわめて貧弱であるといえる。そこでは経済的な意味は薄れ、もっぱら政治的な意味あるいは倫理上の意義が強調された。農本主義は国家の枠組みにしばられてしまい、現在の農業をめぐる議論と同様、わが国における農業の現状と世界の食料事情を同時並行的にとらえたものでない。したがってグローバル化の議論に堪えるものではない。いま議論すべきは、一方で世界の縮小という意識の高まりがあり、他方で一つの全体としての世界という意識の高まりについて、その双方を認識し言及することである。それによってわが国がどういう立ち位置で世界に関わっていくべきなのかを認識でき、そのうえで対話を進めていくことが重要なのである。この点で現在のグローバル化の潮流のなかで、内村と新渡戸の事績を再考することは意義深いことと思われる。

なお、以下の引用文中には読みやすくするために、字句を変え、句読点を一部加えた箇所がある。

2　国家と農業観

内村鑑三の二宮尊徳像

内村は著書『代表的日本人』で二宮尊徳（一七八七～一八五六、以下は尊徳）を取り上げている。日本が国際社会での役割を問われ始めた時期に、なぜ尊徳という人物を取り上げたのであろうか。『代表的日本人』の刊行時期から考えて、わざわざ尊徳を引き合いに出しても、国際社会に対して、それほどインパクトのあることとは思えない。後の一九二六年に内村は、「日本人程、自国の真価を知らざる国民は無いと思う。彼等は彼等の間に、法然上人や二宮金次郎の如き世界的偉人の在りし事に、永らく気附かずして、余輩の如き者をして、彼等の偉大さを世界に向って紹介せしめた」（「偉大性の養成」『聖書之研究』第三〇六号）と記している。国際的にみて日本人自身が尊徳の偉大さに気づいていないために、自分が世界に向かって発信したという。尊徳に関する記述には、内村のこういった思いがあった。ここで問題とすべきは、内村が尊徳は偉大であったとする理由である。以下では内村が尊徳像を形成するにあたって、大きな要因となった点について考えていきたい。それは宗教と科学の影響、小国論と農業観の形成、二つのＪ（Jesusイエスと Japan日本）と尊徳思想の関連などである。

宗教と科学

内村は江戸小石川に生まれ、東京英語学校（後の東京大学予備門）に入学して、さらにその後一八七七年に札幌農学校に入学する。内村は第二期生（計一八名）であり、新渡戸、宮部金吾（一八六〇～一九五一、後に札幌農学校教授となる植物学者、以下は宮部）らと同級生である。開学時の札幌農学校は、教頭として赴任したクラーク（William Smith Clark：一八二六～八六）の方針によって、農業教育だけでなく、キリスト教に基づく知育・徳育・体育という全人的教育をめざしていた。内村はクラークから直接教えを受けたわけではないが、なかば強制的に「イエスを信ずる者の契約」（The Covenant of Believers in Jesus）の文書に署名させられる。しかし強制的であったとはいえ、この署名は内村の精神的世界に決定的な転換をもたらし、キリスト教という唯一神教が、思想形成に大きな影響をもたらす。

内村は一八八一年に札幌農学校を卒業し、北海道開拓使に勤める。農学校での専攻が水産学であったので、開拓使では水産を担当する。自らの職業について、「現在僕は、北海道の経済的動物学（Economic Zoology）を監督する仕事に就いている。（中略）鳥類、哺乳動物類、爬虫類、魚類に関する本であれば、なんでも大歓迎だ」（「一八八一年一〇月一四日付、宮部金吾宛の手紙」（『内村鑑三全集』第三六巻、以下は『全集』と略す）と述べている。内村はキリスト教という宗教の影響を受けると同時に、近代科学の有用性を認識している。

しかし一八八三年に突然、札幌県（開拓使の廃止後、札幌県になる）に辞表を提出する。このときの状況について後に、

余は第一に農商務省の役人達に失望した、彼等が事を為さんと欲するよりも、官等を進められんことに汲々たるを見て、余は役人たるのが実にイヤになった、余は思うた、役所に来ては坐睡《ゐねむり》を為し、家に帰っては酒を飲み、其他は長官に阿諛《あゆ》を呈するのが、人生最大の目的ならば、人生とは何んと詰らない者ではないかと、それより余は益《ますま》す辞職の念を発した。（中略）余は第二に日本国の漁夫に失望した、彼等は捕獲術に就ては、唯嘆賞するの外はない、然しながら彼等の道徳の低いには、実に驚いた。

（「余の従事しつゝある社会改良事業」『全集』第九巻）

と回想している。辞職理由は自らの宗教的倫理的な姿勢から、官僚に失望すると同時に、漁民にも失望したことであった。

しかし官僚や漁民に失望したとしても、科学を重視する姿勢は崩していない。これは当時、わが国で注目されつつあった進化論への対応に現れている。内村は当時のキリスト教徒と同じように、進化論信奉者の攻撃からキリスト教を擁護しなければならないとして、しかもその擁護は科学に基づいて行わなければならないと考える。この点で進化論を頭から敵視する当時のキリスト教徒とは異なっていた。内村は進化論をキリスト教信仰と結びつけようとする。進化論に代表される近代科学と、キリスト教という西洋思

図3　アメリカ時代の内村鑑三
写真提供：今井館教友会。

想の流入に対して、内村はいずれにも偏することなく、その双方を受け入れようとした例外的な存在であった。

内村は一八八四年に私費でアメリカに渡る。そこでアメリカはキリスト教国でありながら、現実は拝金主義や人種差別の流布していることを知って幻滅する。一八八五年九月にマサチューセッツ州のアマースト大学（Amherst College）に選科生として編入学し、その後コネチカット州のハートフォード神学校に入学する。しかし神学校の神学教育にも失望し、一八八八年一月に退学して、同年五月に帰国する。内村は職業的聖職者を生み出す神学教育自体に疑いをもつ。とくに外国人宣教師をはじめ日本人宣教師に対しても、外国からの教団の援助によって、その生活が支えられるので、自立した思想や信仰の自由をもっていないと批判的であった。この点が二つのJの問題につながっていく（「二つのJと尊徳像」の項を参照）。

そして一八八八年九月から、新潟県の北越学館で勤務したのち東京へ戻り、東洋英和学校、水産伝習所などで教鞭をとっている。一八九〇年から第一高等中学校（以下は一高）の嘱託教員となり、英語・地理・歴史を教える。しかし翌九一年一月九日に、講堂で挙行された教育勅語奉読式において、天皇親筆の署名に対して最敬礼しなかったことが、同僚や生徒などから非難を浴び、それが社会問題化する。いわゆる不敬事件である。そのために二月に依願解嘱している。その後、大阪の泰西学館や高等英学校、熊本英学校、名古屋英和学校などで教壇に立ち、一時期は京都に居住していたこともあった。

この流浪窮乏時代に『基督信徒のなぐさめ』『求安録』『余は如何にして基督信徒となりし乎』（How I Became a Christian）をはじめとして、多くの著書や論説を発表する。一八九七年に再び上京して、朝報社発行の新聞『萬朝報』に寄稿する一方、一八九八年に『東京独立雑誌』を発刊し、主筆となる。さらに一九〇〇年には『聖書之研究』誌、翌〇一年には『無教会』誌を創刊している。この時期から雑誌の発刊だけでなく、聖書の講義も始め、志賀直哉（一八八三～一九七一、以下は志賀）や小山内薫（一八八一～一九二八、以下は小山内）らが聴講に訪れている。また一九〇一年に黒岩涙香（一八六二～一九二〇）、堺利彦（一八七一～一九三三）、幸徳秋水（一八七一～一九一一、以下は幸徳）らと社会改良を目的とする「理想団」を結成している。内村は幸徳ら社会主義者と密接な関係をもったが、後年には幸徳らによる社会主義を批判することになる。一九一五年に『聖書之研究』誌において、「社会主義は愛の精神ではない。これは一階級が他の階級に抱く敵愾の精神である。社会主義に由って国と国とは戦はざるに至るべけれども、階級と階級との間の争闘は絶えない。社会主義に由って、戦争はその区域を変へるまでである」と批判する。

内村は多くの著書や論説において当初、日清戦争（一八九四〜九五年）を支持していた。しかし日清戦争が内外にもたらした影響を痛感して、平和主義に傾いていく。日露戦争（一九〇四〜〇五年）開戦前にはキリスト教徒の立場から、非戦論を唱える。しかし必ずしも徹底した非戦論というわけではなかった。内村には「戦争政策への反対」と「戦争自体に直面したときの無抵抗」という二重の表現がみられる。あらゆる暴力と破壊に対して抗議するのと同時に、「不義の戦争時において兵役を受容する」という行動原理を正当化するという二面性をあわせもつ。さらに内村は戦争を通して、進化論に基づき「歴史は人類進歩の記録である、或は人類の発育学である」（「興国史談」『全集』第七巻）と語り、神の摂理に基づいて正義の支配が前進するという進歩史観をもっていた。当時、内村が歴史的な人物や事件を論じる場合、ほとんどが基本的にこの進歩史観に基づくものであった。

しかし内村は生涯にわたって、進歩史観に固執していたわけでもなかった。第一次大戦の勃発（一九一四年七月）をきっかけにして、その歴史認識や世界認識は大きく変化し、贖罪信仰を深化させている。当時の講演において「今回の欧洲大戦争は、欧洲人の上に臨みし神の厳罰と見るが適当であると思う」（「欧洲の戦乱と基督教」『全集』第二一巻）と述べて、進歩史観を改め、贖罪信仰を説く。世界大戦によるインパクトは大きかったようであり、その後、社会進化論に基づく近代主義も放棄している。

内村は進化論に代表される近代科学とキリスト教との間で揺れ動く。内村は科学とキリスト教との関係を考える場合に、「実験」という概念を使っている。内村の著書では、第一次大戦の終結（一九一八年）のころから、この実験という用語が頻繁に使われる。内村の発想は推論による体系的思考というのではなく、一種の経験主義に基づいたものであったので、実験という用語が使われた。内村の実験は「贖罪」と密接に関わっていく。自らのキリスト教信仰について、「信仰は感情に非ず、学識に非ず、実験である、神と相識るの実験である、故に彼に倣うて愛し、彼の為に戦い、彼と共に苦みて獲らるゝ者である、信仰の善き戦闘を経て得し信仰に由りて我等は救はるゝのである」（「信仰と行為」『全集』第二三巻）と語る。キリスト教の信仰を、感情や学識ではなく、「神と相識る実験」であるという。内村は実験という概念によってキリスト教信仰をとらえようとしている。

この場合にとらえる対象は、キリスト教ではなく、キリストである。内村によれば、仏教は釈迦を離れても存在し、儒教は孔子を離れても、強い影響力のある教えとして存在する。しかしキリスト教はキリストを離れては存在しえない。なぜならキリスト教はキリストが伝えた教訓ではないからである。キリスト教とはキリストという「活きたる人」であるので、研究を通じて知ることはできない（「基督教とは何んである乎」『全集』第二一巻）ことになる。キリスト教は信仰と行為が合体した状態によってのみ理解できるという教えなので、実験しなければ理解できない。この内村の実験概念は、その後『代表的日本人』に描かれる尊徳像に反映される（「農業観と尊徳思想」の項を参照）。

小国論と農業

内村は明治政府による大国化の道に反対し、日本、中国、朝鮮という小国の連帯が、東洋の平和の道であると説いている（「日清戦争の目的如何」『全集』第三巻）。これは、たとえば福沢諭吉（一八三四〜一九〇一、以下は福沢）の意見とは好対照をなしていた。福沢は「我国は隣国の開明を待て、共に亜細亜を興すの猶予ある可らず、寧ろ其伍を脱して西洋の文明国と進退を共にし、其支那朝鮮に接するの法も、隣国なるが故にとて特別の会釈に及ばず、正に西洋人が之に接するの風に従て、処分す可きのみ。悪友を親しむ者は、共に悪名を免かる可らず。我れは心に於て亜細亜東方の悪友を謝絶するものなり」（「脱亜論」一八八五年三月一六日、慶應義塾編纂『福澤諭吉全集』第一〇巻）と主張していた。

福沢によれば、わが国は中国や朝鮮という隣国と交際を断って、西洋文明国と進退をともにしなければ列強の仲間入りができないという。これに対して、内村は弱小国である隣国との連帯によって西洋強大国に対抗すべきであると説いた。

しかし内村は隣国との連帯を説きながら、日清戦争には反対していない。その後の日露戦争では前述のように非戦論を展開するが、日清戦争では義戦論を唱えている。日清戦争の義戦を海外に紹介する意図で執筆されたのが、一八九四年に英文で出版された著書Japan and the Japanese（『日本及日本人』）であった。この著書が後の一九〇八年にRepresentative Men of Japan（『代表的日本人』）という表題で再版される。一八九四年の著書のなかで、「西郷隆盛、上杉鷹山、二宮尊徳、中江藤樹、日蓮」という五人の人物が紹介され、この紹介に続いて、〝A Temperance Island of the Pacific〟（太平洋の禁酒島）〝Japan: Its Mission〟（日本国の天職）〝Justification of the Corean War〟（日清戦争の義）の旧稿三編が加えられる。ところが一九〇八年には、序文にあたる一章と、この旧稿三編は省かれる。日清戦争当時における著書出版の意図とは異なり、実際には日清戦争は義戦ではなく、たんに国益がぶつかりあう戦争でしかないことを知る。この現実を目の当たりにして内村は日露戦争時には非戦論へと傾いていく。

内村は東洋のあり方について、「東洋若し東洋として宇内に独歩せんと欲すれば、支那の独立は日本の独立と均しく必要なり、（中略）支那を斃して而後日本立つべしと信ずる人は宇内の大勢に最も暗き者と称せざる可らず、東洋の平和は支那を起すより来る、朝鮮の独立日本の進歩共に支那勃興（真正）の結果として来るべきものなり」（「日清戦争の目的如何」『全集』第三巻）と語る。アジアとして自立していこうとすれば、中国や朝鮮の独立後の連帯は欠かせない。現実の展開は、福沢のいう脱亜の道であったとしても、内村のいう小国の独立と連帯は、現在から振り返れば、大きな意味を持っていたといえる。

内村の唱える弱小国の連帯は、国内的にみれば、弱小者の連帯を重視することに通じる。さらに農業や農民の尊重につながるものであった。そのモデルとして取り上げるのが、デンマークである。内村は著書『デンマルク国の話――信仰と樹木とをもって国を救いし話』（一九一三年）において、デンマークがドイツとオーストリアの二国との戦争に敗れた後、肥沃な国土を失い、荒漠な国土に閉じ込められたにもかかわらず、信仰によって植林と農業に努め、豊かな小国に生まれ変わったと説明する。デンマークが教えてくれることは三つある。すなわち、①国の興亡は戦争の勝敗には依らないこと、②天然は無限の生産力を持つこと、③信仰こそ国の実力であることである。

そのなかでも②の天然は無限の生産力を持つことが、デンマークという小国の存立にとって重要な要因であるとする。内村は自然に依拠すれば、どのような自然であっても、富や資源を獲得することができるという。内村は、

富は大陸にもあります、島嶼《とうしょ》にもあります。沃野にもあります、沙漠にもあります。大陸の主かならずしも富者ではありません。小島の所有者かならずしも貧者ではありません。善くこれを開発すれば、小島も能く大陸に勝さるの産を産するのであります。ゆえに国の小なるは、けっして歎くに足りません。これに対して国の大なるは、けっして誇るに足りません。富は有利化されたるエネルギー（力）であります。しかしてエネルギーは太陽の光線にもあります。海の波濤《なみ》にもあります。吹く風にもあります。噴火する火山にもあります。もしこれを利用するを得ますれば、これらはみなことごとく富源であります。かならずしも英国のごとく世界の陸面六分の一の持ち主となるの必要はありません。デンマークで足ります。然り、それよりも小なる国で足ります。外に拡がらんとするよりは、内を開発すべきであります。

（内村鑑三『後世への最大遺物　デンマルク国の話』岩波文庫）

と強調する。

本当の国の大きさとは、自然をどのように利用するかで決まり、外に拡がっていくよりも、内を開発することによって富を獲得することができる。この点ではイギリスが主導するグローバル化は意味のないものである。これが内村の小国論の特徴であり、この小国論には科学を重視する立場が反映されている。そして内村の農業や農民の尊重は、こういった小国論から導かれる。しかしながら、内村の小国論は政治的な意味あいが強く、明確な経済的論拠に基づくものではない。この点で国内の農業や農民の尊重を訴えているとはいえ、それは観念的なものとならざるをえないという側面をもっていた。

農業観と尊徳思想

内村は農業に関心を持った理由を、「余は政治を棄て農業を以て国家民衆を益せんとした、余は思うた政治の目的は名誉を得るにあって、農業の目的は饑《うえ》を癒すにあると、さうして実物は空虚よりも估値《ねうち》があるゆゑに、農業は政治よりも大切であると思ふた」(「余の従事しつゝある社会改良事業」『全集』第九巻)と語る。内村は農業には政治よりも実質的な価値があると考えていた。

内村の農業観の形成は、札幌農学校での教育がきっかけを与えている。しかし札幌農学校で農業のみを学んだわけではない。前述のように農業以外に宗教など学んだ点も多く、それゆえに内村の農業観は独特なものとなっている。札幌農学校の教育が内村に及ぼした影響は、アマースト大学を入学先に選んだことにも反映されている。内村は留学先をハーヴァード大学かアマースト大学かで迷う。結局、アマースト大学にした理由を、アマースト大学の「重んずる所は寧ろ徳にありて智にあらず、主義にありて事業にあらず、鍛錬にありて識量にあらず、人を離れて自然と自然の神とに交はるにあり、拠典（オーソリチー）に頼らずして独創の見を促がすにあり、高潔なる主義を慕ふもの、儼然たる独立を愛するもの、倹を好むもの、峻を悦ぶものは来て此校に学ぶもの甚だ多し」（「流竄録」『全集』第三巻）と説明する。内村は知識よりも徳、事業よりも主義を重視したようである。

内村は札幌農学校やアマースト大学において、キリスト教に基づく人間観や価値観を学ぶ。それは農業観に反映される。内村の人間観や価値観は、行為主義や律法主義に基づくものではなく、信仰主義に基づくものであった。行為主義における人間観では、よい行為の数多くできる人、つまり善人、金持ち、賢者などが尊ばれ、罪人、貧者、愚者、病人、弱者などは軽んじられる。これに対して信仰主義に基づく人間観では、善行の多寡は問われない。したがって信仰主義の人間観は、罪人、貧者、愚者、病人、弱者などは、同じ人間とみなされ、軽んじられることはない。

内村は一九〇二年に、農業教育を受けてから今日のキリスト教伝道に従事するようになった経緯を述べた「農業と宗教」という論考を執筆している。そのなかで「真正の宗教は真正の農業の真の兄弟である。宗教は心を耕すもので、農業は地を耕すものである。実物を貴び、空想を拝する点に於ては、二者全く同一である。故に津田先生が農に従事して深く宗教を信ぜらるゝやうに、余は宗教の伝道に従事して、深き興味を農業に於て有つ者である」(『農業雑誌』第八一〇号)と語る。農業とキリスト教に関して、先人の津田仙(一八三七～一九〇八、以下は津田)の業績を称えて、農業とキリスト教は多くの共通点をもつという。

そして津田の農業を、「第一に文明流の農業である、即ち古説旧習に依る農業でなくして、学説進歩の農業である。第二に平民的農業であッて、資を官に仰ぎ、位階勲章を以て誇るが如き役人的農業ではない。第三に信神的農業である、即ち単に産を獲て満足する農業ではなくして、体を養ふと同時に天に徳を積まんとする農業である」(『農業雑誌』第八一〇号）と説明する。この内村による津田の農業についての説明には、尊徳の農業に通ずるものがあった（拙稿「明治期における津田仙の啓蒙活動――欧米農業の普及とキリスト教の役割」『京都産業大学論集社会科学系列』第三〇号）。内村は北海道帝国大学でも「宗教と農業」と題して同様の講演を行っているが、その内容は自然の摂理と、農業の神聖さを説くものであった。自然の摂理については、『二宮翁夜話』（巻之二ノ六、残篇ノ二一など）の所説をふまえ、また農業の神聖さについては、富田高慶『報徳論』（巻九など）の所説をふまえたものであった。内村の農業観はキリスト教から影響を受けるにとどまらず、尊徳思想に大きく依拠したものであったといえる。

尊徳にとって農業は聖人の道であるが、内村にとって農業は神の業であり、それゆえに農は国本であった。内村は一九二四年に「製造商業励むべしと雖も忘るべからざるは、農の国本たる事である。そして農の本元は森林である。山に樹が茂りて、国は栄ゆるのである」（「樹を植ゑよ」『全集』第二八巻）と記している。内村の農業観は、尊徳に基づく農本論であり、その「人作の道」を説いたものであった。

内村は、日本人が自然を愛し、自然と同化して、自然とともに生きることを尊しとすると言われていることに疑問を呈し、単に自然に甘えてきたのではなかったのかと問いかける。内村が尊徳を評価するのは、尊徳が一方では自然＝天を頼みながら、他方では厳しいものとしている点であった。内村は尊徳の考え方について、「此宇宙といふも（の）は実に神様……神様とは云ひませぬ、天の造って下さったもので、天と云うものは実に恵みの多いもので、人間を助けやうとばかり思って居る。夫だから若し我々が此身を天と地に委ねて、天の法則に従って往ったならば、我々は欲せずと雖も、天が我々を助けて呉れると云う考であります」（「夏期演説　後世への最大遺物」『全集』第四巻）と評している。尊徳はこういった考えをもっていただけでなく、それを実行に移した。そして尊徳は宇宙の法則にしたがえば、この世界で自分の考えを実行できることを示した。この点で内村は尊徳が偉大であると評価している。

内村は尊徳を「世界の英傑」とよんでいる。さらに内村は尊徳を称える。

『小年文学』の中に「二宮尊徳翁」と云うのが出て居りますが、アレは詰らぬ本です、私のよく読みましたのは農商務省で出版になりました五百ページばかりの「報徳記」という本です。アレを諸君が読まん事を切に希望する。アノ本は我々に新理想を与へ、新希望を与へて呉れる本であります。実に基督教のバイブルを読む様な考が致します。故に我々が若し事業を遺す事が出来ず共、二宮金次郎的の即ち独立的生涯を躬行《きゅうこう》して往ったならば、我々は実に大事業をのこす人ではないかと思います。

（「夏期演説　後世への最大遺物」『全集』第四巻）

と語る。幸田露伴（一八六七〜一九四七、以下は露伴）の著書『二宮尊徳翁』を酷評した後、富田高慶（一八一四〜九〇、以下は高慶）の『報徳記』をバイブルを読むような気持ちがすると評している。たんに心がけのよいことを説く露伴ではなく、努力が（後世へ遺す）成果をもたらすことを書いている高慶を評価し、この点で尊徳を称える。内村は、「僕は『日本及日本人』中に二宮を書いた動機て別にないよ。只報徳記を読で其偉いのに驚いたのだ」（「愛土心と尊徳翁」『人道』第一巻九号）と語り、『報徳記』に感銘したことが、尊徳について記述した動機であったと率直に語っている。

『代表的日本人』のなかで内村は、尊徳の自然観について、「『自然』は、正直に努める者の味方であることを学びました。尊徳の、その後の改革に対する考えはすべて、『自然』は、その法にしたがう者には豊かに報いる、という簡単なことわりに基づいていたのであります」とする。尊徳の農村復興は、天道に従えば、その豊かな恵みを得るという単純な論理に基づくものである。しかしそれだけではない。内村は続けて「こうして尊徳は、『自然』と人との間に立って、道徳的な怠惰から、『自然』が惜しみなく授けるものを受ける権利を放棄した人々を、『自然』の方へとひき戻しました。私どもの同類であり同じ血を共有する、この人物の福音とくらべると、近年、わが国に氾濫している西洋の知とは、いったい何でありますか」と厳しく問いかける。明治以来、流入し氾濫している西洋船来の知恵は、尊徳のもたらした福音と比較して、何と小さいことかと批判している。

尊徳のもたらした福音とは、自然と人間との関係理解であった。すなわち「天道」と「人道」である。尊徳によれば、人道は勤労の道であり、天道に逆らうのでもなく、順うのでもない。天道には善悪がないので、その間に生きる人道は自ら善悪を立て、勤労に励む「人作の道」となる。言い換えれば、天道の理をわきまえ、勤労に徹すれば、天道は豊かに報いる。内村はこの自然の理の発見と、天道が報いる勤労という実践を高く評価した。内村によれば、この点で尊徳思想は西洋思想とは異なる。西洋思想は自然と人間とを切り離し、人間が自然から離れることによって、人間の発達や自然の征服が志向されるからである。

しかしながら日本において人間は自然の理をわきまえ、同化してきたかどうかは疑わしい。日本人は自然に甘え、自然に依存するという安易な自然観をもっている。尊徳は人間の自然に対する甘えを傲慢と考え、厳しく批判している。尊徳は、「夫自然の道は、萬古廃れず、作為の道は怠れば廃る、然るに其人作の道を誤て、天理自然の道と思うが故に、願う事成らず思う事叶はず、終に我世は憂世なりなど丶いうに至る」（『二宮翁夜話』）と語る。勤労に励むことなく、万能の天理自然が叶えてくれると思い込むから、この世は憂世だと言ってしまいがちである。尊徳はこういった姿勢を痛烈に非難する。内村が尊徳にみた「天」や「自然」は、人間の「至誠」に感応する人格的存在である。これは『二宮翁夜話』にみられるように、尊徳の「天理自然」は今日の自然の法則に近いものであり、人格的要素の希薄であるのとは異なる。そして内村は「天」や「自然」に人格的要素を持たせると同時に、至高秩序にあたる存在であるとする。こうして尊徳の観念に一種の超越性を与えている。

内村は『報徳記』について、「之れ真正の経済なるものは、道徳の基礎に立たざる可らざることを、先生の事業生涯を以て説明したるものなればなり。（中略）先生は道徳を原因にして、経済は結果なりと断じたり。（中略）今日の経済学者は先づ算盤を手にす、先生は先づ至誠の有無を質す」（「予が見たる二宮尊徳翁」『聖書之研究』第五四号）と語る。内村は道徳や至誠を強調する『報徳記』における尊徳像に依拠することによって、キリスト教に基づく尊徳像を作り上げる。しかし尊徳について『報徳記』では父祖伝来の「家」の再興をした孝子を見出しているのに対して、内村のほうは勤勉で独立心に富む少年を見出している。内村による尊徳は、忠孝の徳や知足安分的な考え方を無視して、天にしたがい、ときには既存の秩序を逸脱することも辞さない人間となっている。そして尊徳は宗教と道徳、そして経済を一体化して実践した人物としてとらえる。この尊徳像に基づいて『日本及日本人』では、経済は経済、宗教は宗教と分けて扱う西洋の近代文明と、それを模倣する日本の近代文明を批判することになる。

内村が評価するのは、尊徳が経済改革に道徳力を応用したことである。「道徳力を経済改革の要素として重視する、そのような村の再建築が、これまでに提出されたことは、まずありません。これは『信仰』の経済的な応用でありました。この人間にはピューリタンの血が少しあったのです。むしろ舶来の『最大多数の最大幸福の思想』に、まだ侵されていない真正の日本人があったといえます」(『代表的日本人』)と語る。内村は尊徳のなかにピューリタニズムをみている。ピューリタニズムは精神の自律を前提として、その自律は個人の責任に還元される。この精神の自律を内村は尊徳のなかに見出している。

内村は社会変革を行おうとすれば、個人の倫理的な改革なしには期待できないと考える。

個人の良心から社会へと広げていくという改革の方法を訴え、「遠心的改良法」（「〔第三回角筈夏期講談会〕開会の趣旨」『全集』第一〇巻）と名づける。内村は社会改革のためには、一人ひとりが志をもって真面目な生涯を送り、その生き方を後世に遺せばよいという考え方をもっていた。これが著書『後世への最大遺物』の主旨でもあった。

しかし石橋湛山（一八八四〜一九七三、以下は石橋）の師である早稲田大学の田中王堂（一八六八〜一九三二、以下は王堂）は、この内村による尊徳像は、あまりにも平凡であると斥けている（拙稿「石橋湛山の農業政策論と報徳思想の影響」『京都産業大学論集社会科学系列』第二五号）。王堂はプラグマティズムの立場から、尊徳を人間生活中心の思想家として注目すべきであると語る。王堂によれば、生活とは主観的には経験であり、客観的には行動である。そして尊徳は生活を維持するために自然に働きかけ、現実の社会を改造していった人物ということになる（田中王堂『二宮尊徳の新研究』）。ピューリタニズムから尊徳をみる内村と、プラグマティズムから尊徳をみる王堂との違いであった。

内村は尊徳を評価するものの、報徳運動に対しては批判的であった。内務省の民力涵養を担った報徳運動に対して、「生命を失て、今では只金の周旋所ではないか。教会の腐敗と同一般だ」と非難する。さらに一九一二年一一月には、曽ては二宮尊徳が政府の威力を以て日本国の大聖人として世に紹介された、一年を経ざるに報徳宗なる者が我国に起った、世は挙《こぞ》って之を迎へた、基督教の教師にして報徳宗の宣教師に化した者さへあつた、尊徳翁に関する著書とあれば、其何たるを問はず盛んに売れた、津々浦々に至るまで報徳教会は起された、日本国は翕然《きふぜん》として報徳宗に走った、茲に日本人に由て起されし新宗教が、日本国を其根柢より改めんとする乎の如き観があつた、其時に方て我等キリストの福音を唱うる者の如きは、顔色が無かった、聴衆は悉く我等を去て、尊徳翁に走った、日本人は其内務省を以て言うた、我等に二宮尊徳あり、我等は外来のキリストを要せずと。然れども今は如何、内閣の変りしと同時に、二宮尊徳は廃《すた》れた、今や二宮文学は書店の持余す所となった、報徳宗の宣教師は其声を潜めた、今や其勢力は前の如くに僅かに駿遠地方に限らるゝに至った、二宮崇拝の盛大は三年を経ずして止んだ、尊徳翁も亦昨日あって今日なき者である、彼の人望も亦菫花一朝の栄であった。

(「変らざるキリスト」『全集』第一九巻)

と語る。報徳運動を痛罵しているが、もちろんこれはけっして尊徳自身に向けられたものではない。内村は尊徳に対して尊敬の念を依然として持ち続けている。むしろ日本人に対して尊徳のような「世界的偉人」のいたことの自覚を説いている（「偉人性の養成」『全集』第二九巻）。

二つのＪと尊徳像

内村は設立初期の札幌農学校で教育を受け、それをきっかけにして生涯にわたってキリスト教と近代科学の影響を色濃く受ける。このキリスト教と近代科学は、内村の国家観と農業に対する見方を独創的なものにした。

内村は政府の国民への抑圧的体制に対して、キリスト教徒の立場から、後の敗戦を予言するような厳しい批判の言葉を残している。内村は表面上の西欧化を嫌った。内村は、

西欧化とは、現在この地球がもつ最高の文明の形態を採用することである。それゆえ、そのように文明化されたいと思うわれわれの願望は、少しも忠君愛国に反していない。（中略）われわれが賛成する西欧化とは、西欧のうわべをまねることではない。われわ

れは福沢諭吉氏がかつて表明した見解には決して賛成することができない。つまり、福沢氏は政府がすべての日本人に、キリスト教を信じても信じなくても、世界に対してキリスト教国民らしく見えるようにキリスト教の洗礼を受けさせよ、というのである。これは動物界なら許されるだろうし、利益もある保身擬態であるとしても、良心をもつ人間界にはあってはならないことである。そうしてうわべだけの西欧化ほど唾棄すべきものがあるだろうか。（中略）われわれが祖国の西欧化を叫ぶとき、われわれは心の底からの西欧化を求めて叫ぶのである。

（「NOTES」『全集』第五巻）

と語る。

表面的な西欧化を嫌う内村の思想は、二つのJ、すなわちイエス（Jesus）と日本（Japan）に対する奉仕に集約される。内村は、「私共に取りましては愛すべき名とては、天上天下唯二つあるのみであります、其一つはイエスでありまして、其他の者は日本であります、是れを英語で白《もう》しますれば、其第一はJesusでありまして、其第二はJapanであります、二つともJの字を以て始まって居りますから、私は之れを称してTwo J's即ち二つのジエーの字と申します、イエスキリストのためであります、日本国のためであります、私共は此二つの愛すべき名のために私共の生命を献げやうと欲《おも》う者であります」（「失望と希望（日本国の先途）」『全集』第一一巻）と語る。西欧化という名のグローバル化に対して、内村の拠り所となるのは、イエスと日本であった。

しかし、内村のなかで当初からイエスと日本が両立できていたわけではない。キリスト教と日本との狭間に立たされたのは、不敬事件が最初であった。当時の一高の校長であった木下広次（一八五一～一九一〇、以下は木下）は、手紙で内村に対して、教育勅語の天皇署名に対する敬礼は、人間相互の間で行われる社会上の「最重の敬礼」であり、信仰とは別の関係にあると説得して、改めて敬礼を依頼した。内村は「礼拝（worship）」と「尊敬（respect）」が別であれば、天皇に対する尊敬の念は変わらないとして、木下校長の提案に同意した。しかしながら内村は悪性の流感に罹り、敬礼は友人が代理で行った。これで事態の収束をみるはずであったが、マスコミは不敬事件として全国的に宣伝し、これに仏教各宗派の機関紙が便乗して、キリスト教徒への批判を強めた。キリスト教と日本の国体の問題として扱われていったが、内村自身においては上記の同意にみられるように、両立できない問題ではなかった（『基督信徒の慰』）。

内村は一九〇一年に『無教会』誌を創刊する。内村のいう無教会とは、西洋のキリスト教のみを唯一のあり方とみるのではなく、西洋キリスト教から人工的な聖職者制、教職者資格、礼典、建物などの制度や儀礼を取り除こうとしたものである。教会から人工的要素の除去をはかる「自然的な」教会観である。無教会には、ミッションからの経済的な独立や外国人宣教師からの独立という意味もあった。これは二つのJに献身しようとする内村がたどりついた帰結の一つである。

一般的に、内村においては二つのJの振幅は大きかったといわれる。『代表的日本人』はJapanの方へ振り子が傾いたとする見解がある。しかしながら『代表的日本人』における尊徳像をみた場合、明らかにJesusの視点、つまりキリスト（教）の視点が入っている。しかし内村の考えるキリスト教は、外国の教会と宣教師に無批判に従い、その財政援助に甘んずるようなキリスト教ではなかった。日本の精神的伝統を重んじ、内発的にイエスに向き合う自立したキリスト教とでもいうべきものであった（太田原高昭「内村鑑三と新渡戸稲造」『高等教育ジャーナル』第一〇号）。これは言い換えれば、内村はキリスト教を媒介にして、日本人としての自覚が芽生えたといえる。二つのJをめぐって、内村は思想的遍歴をたどったかのようにみえるが、日本伝統を砧木《だいぎ》として欧米思想を導入するという姿勢は貫かれた。もちろんこの日本伝統のなかに尊徳が含まれていた。結局、内村が「代表的日本人」論によって描いた人間像は、西欧キリスト教的人間像でもなければ、日本の伝統的人間像でもない。キリスト教と日本の伝統との相互作用によって形成された独自の人間像であったといえる。

内村のいう二つのＪの献身の延長上に尊徳という人物がいた。内村によってキリスト教の視点に立つ尊徳像が成立し、それが国際化へのきっかけを与えた。これに応える形で、一九二六年に、当時、一高の教授であったクレメンツ（Ernest W. Clement）が英文誌 *The Japan Christian Intelligencer* において、尊徳の思想とキリストの思想が多くの共通性をもっていると指摘する。内村は翌二七年六月一六日の日記において、「今市にて尊徳翁二宮金次郎の墓を見舞い、此の農界の世界的偉人に対し、我が衷心よりの尊敬を表した。英文を以て彼を世界に紹介せし名誉は、自分の担う所である。墓に若し耳あらば一言云ふて見たく思うた」（『全集』第三五巻）と語っている。尊徳を世界に向かって発信したという自負をもっていたようである。内村は独自のキリスト教の視点に立つことで、ナショナリズムの枠にとらわれない尊徳像の国際化に貢献した。そして尊徳に代表される農業観を、グローバル化が進む世界に向かって問いかけるという足跡を残した。

3　国際化と地方学

新渡戸稲造の農政学

新渡戸は多くの著書において、日本の伝統的な精神と近代精神とのつながり、あるいは結びつきを模索した。それは『武士道』などの著書にみられるように、国際社会における日本の近代精神のあり方を模索するものであった。しかし近代精神のあり方を『武士道』だけに求めたのではない。農業や地方にも求めた。新渡戸は『武士道』とほぼ同時期に、著書『農業本論』を刊行し、この著書のなかで地方学《ぢかたがく》に触れている。後には農政学ではなく地方学を展開して、国際社会における日本伝統の位置づけを考察している。『農業本論』は一般的に農業や農政学に関連する著書としてとらえられているが、農政学にとどまることなく、国際化が進むなかで、地方学の形成をめざしたものであるといえる。

以下では新渡戸の農業研究と欧米思想による影響、著書『農業本論』の執筆の経緯、農業政策の実施、地方学の影響と国際関係との関連性といった順に、地方学の確立について考えていく。この新渡戸の地方学確立への試みは、内村の場合と同様、グローバル化が進

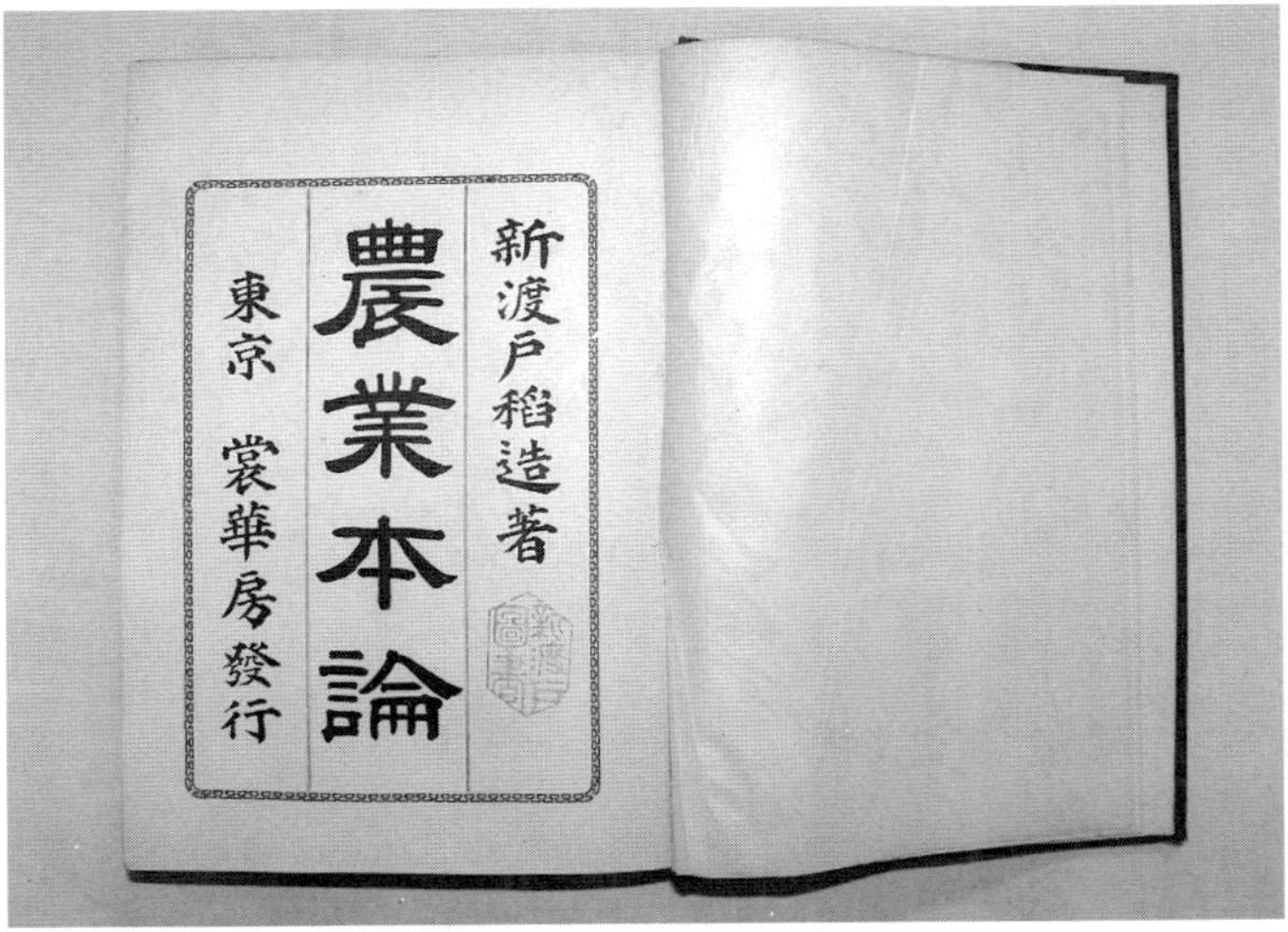

図４　『農業本論』の中表紙
1898年訂正４版のもの。右下，六角形の印は新渡戸稲造の蔵書印。
写真提供：新渡戸常憲氏。

行するなかで、日本という枠組みにとらわれない視点と同時に、国際化に通ずる農業のあり方に示唆を与えていると考える。

農業研究と欧米思想

新渡戸は札幌農学校へ進学している。しかし農学校に入学したとはいえ、農学関連の書籍よりも、旧約聖書をはじめキリスト教関係の書籍に読書時間の多くを費やす。新渡戸は農学の勉学よりも、キリスト教の勉学に熱心であったようである。しかし、それによって本来の勉学の目的が失われたわけで

図５　札幌農学校時代の新渡戸稲造
前列，左から２番目。
写真提供：新渡戸常憲氏。

はない。新渡戸はキリスト教という宗教の上に立って、自己のための学問を非として、社会のため、徳心をもって社会国家の利益を第一とすることを学問の目的であると考えるようになる。

新渡戸が農業や農学に関心をもった動機については、

回顧すれば、余が始めて農学に志したるは、実に明治九年にして十四歳の春なり。（中略）今上東北を御巡行あらせられ、旧南部領三本木駅に御駐輦《ちゅうれん》の折から、辱《かたじ》けなくも伯兄の家を仮りの行在所に充てさせられ、爾時恐れ多くも先考の存生せし日に、祖父の業を継ぎて疎水の功に尽力し、荒蕪の地を拓きし事ありしを御追賞せられ、異数の寵賜を辱ふせしのみならず、子弟負荷の任に力《つと》むべき趣の御聖旨をも給はりしかば、挙家感泣の余り、われら三人の兄弟も、祖父の遺志を継ぎ皇恩の隆渥《りゅうあく》なるに報ひんとて、始めて各自の志を立つること、なりたり。

（『農業本論』）

ということであった。一八七六年に明治天皇が東北をはじめて巡幸した折に、三本木（新渡戸の祖父による開拓地）に立ち寄り祖父の家に泊まる。この巡幸の後、新渡戸は家族から開拓の苦労について聞かされ、開拓者の道を選ぼうと決意した。

新渡戸の農業研究は、明治二〇～三〇年代に本格的に始まる。一八九〇年の二九歳のときに、ドイツ（ハレ大学）で学位論文をまとめている。さらに一八九七年の三七歳のときに、札幌農学校での講義をまとめた『農業発達史』、そして『農業本論』を刊行する。『農業発達史』（この著書で日本初の農学博士号が授与される）と『農業本論』はともに、それまでの新渡戸の勉学や研究の成果をまとめたものである。札幌農学校での講義、東京大学での欧州発達史や社会学などの講義、J・S・ミル（John Stuart Mill：一八〇六〜七三）の経済学の研究、ジョンズ・ホプキンス大学での経済史や経済学などの研究、ベルリン大学におけるシュモラー（Gustav von Schmoller：一八三八〜一九一七）の農業史、ワグナー（Adolf Heinrich Gotthilf Wagner：一八三五〜一九一七）やマイツェン（Friedrich Ernst August Meitzen：一八二二〜一九一〇）らの講義などが、新渡戸の著書に大きな影響を与えている。

新渡戸は一八八四年に東京大学を退学して、アメリカ留学を決意する。そして同年一〇月から約三年間にわたってジョンズ・ホプキンス大学の歴史・政治学科の大学院で留学生活を送ることになる。しかし当時のジョンズ・ホプキンス大学はアメリカで最初に大学院を設置し、わずか八年しか経過していない状況にあり、大学院としては未だ確立途上という段階にあった。一般的に新渡戸はジョンズ・ホプキンス大学で農政学と農業経済学を学んだとされるが、これは新渡戸が帰国後、札幌農学校で農政学と農業経済学を担当したことから生まれた憶測にすぎない。なぜなら新渡戸の留学当時にジョンズ・ホプキンス大学には、農政学ないし農業経済学の科目や講義がなかったからである。新渡戸も後に、「農政学或は農業経済を調べる積りであったが、（中略）世人も知る通り英米では三〇年前は政府が直接農業に関係する事はなかった。従って農政に当る文字さへもなかった故に、指導教師の切な勧告によって日米関係史なるものを調べた」（「学生時代のウイルソン」『中央公論』一九一七年三月号）と回想している。

しかし農業経済学の科目がなかったとはいえ、新渡戸が学んだ科目は農業や農政学とまったく無関係というわけではなかった。一八八五年一一月の書簡で、「このほか、〝土地問題〟（〝農業経済〟、農政）の研究に時間を多くあてています。実際、ぼくは〝農業経済〟に重きをおき、それに他のなによりも多くの時間をさいているのです」（「宮部金吾宛書簡、一八八五年一一月一三日」『新渡戸稲造全集』第二二巻、以下は『全集』と略す）と記している。新渡戸が履修した歴史・政治学ゼミナールは、地方自治体や土地制度の歴史を中心テーマとしていたが、新渡戸はとくに土地問題に関心を持っていたようである。

新渡戸は土地問題に関連して、イリー（Richard Theodore Ely：一八五四〜一九四三）から講義を受ける。イリーの講義について、後に「マルクスの話を、初めて私が聴いたのは、今より四十五年前である。ちょうど亜米利加に留学してゐる頃で、ジョンズ・ホップキンス大学の経済学の教授をしておられるイーリー先生からであつた。その頃、すでに大家であって、今は八十の齢に達してゐられるイーリーといふ人は、当時の社会問題、殊に社会思想、社会主義の最高のオーソリティであった。そこで、私のおった大学では、イーリー先生の講義が毎年あって、その題は社会主義論というのであったが、その頃に初めて私は、マルクスという人の説を聴いた」(「内観外望」『全集』第六巻)と回顧している。新渡戸はイリーから社会主義についてはじめて知ったとしているが、イリーの経済学自体はそれほど独創性のあるものではなかった。

新渡戸はジョンズ・ホプキンス大学を中退して、一八八七年に官費でドイツへ渡る。そしてベルリン大学でドイツ歴史学派のシュモラーから農業史を学ぶ。当時のベルリン大学は、シュモラーらを中心に社会政策のための歴史的・統計的な実証研究が行われ、それに基づいて歴史学派が形成された時期であった。新渡戸はワグナーの財政学と社会主義に関する講義、マイツェンの統計学とその演習を履修する。これらの講義と演習は学問的な方法として、統計的な調査とフィールドワークが重視された。シュモラーは実証主義の立場から、経験的個別研究と精密な理論は断絶しているものではなく、個別的な研究を一般理論のための準備作業と位置づけていた。とくにシュモラーは心理学的・倫理的原因が究明されることによって、国民経済学が科学として成立するとしていた。個別実証研究や心理学的・倫理的要因の重視は、新渡戸のその後の学問展開に影響を与える。

しかし新渡戸はシュモラーの学問を継承して、国民経済学を展開していったわけではない。依然として農学に対するこだわりは持ち続けていた。そこでハレ大学へ移り、そこで農業経済学を学び学位論文を提出している。学位論文のテーマは『日本土地制度論』（一八九〇年）であった。この論文では、土地所有問題や自作農、小作農、分益農などに関する問題が扱われている。土地所有権の根拠や農業問題に関する比較研究も行われているが、これらはJ・S・ミルの影響がみられる。

新渡戸はアメリカの現実重視の姿勢を評価するが、アメリカの個人主義や功利主義という倫理道徳面については批判的であった。これらをアメリカがもたらした「暗い側面」と評している。その逆に日本の伝統を強調して、「封建制度は、政治制度としては失敗したとしても、社会制度としては多くの貴い道徳的特徴をこれまで発展させたのであった。今日の個人主義的な社会組織が、日々の人間関係を現金の貸し借りで成り立たせているのとは違って、封建制度は、人々を仲間同志の間の個人的絆で結びつけたのだった」（「日米関係史」『全集』第一七巻）と説明する。新渡戸は欧米の個人主義と功利主義を批判する一方で、日本の共同意識や共同社会の美点を評価する。このアメリカとの対比が後に日本の農村社会や生活に関心を向けるきっかけとなった。

しかし一方的に個人主義を批判し、その一方で共同体主義を賛美しているのではなかった。後に「異なった国民には異なった特徴があるのは、否定できない。（中略）基本的には、人間は精神において一つであり、この基本に向かってわれわれは近づいている。一方、われわれは、相互の相違点を理解し、調整するよう努めねばならない。そして、そのためには、相違点の実体は何かをよく研究し、できれば、その実体を正確に知ることは、われわれの義務である。そのことなしには、この世界は、より貧しいものとなろう。変化は、人間の生活を豊かにする。したがって、われわれは、国民性における多様性をむしろ歓迎すべきである」（「日本文化の講義」『全集』第一九巻）とも語る。個人主義と共同体主義のいずれかに特化するというのではなく、自他の特色と相違点をみて、それぞれの個性を尊重しつつ共存することを考えることが必要であると説いている。この視点こそがその後に地方学の構想をもたらす。

『農業本論』と地方学

新渡戸の農業観は、その著書『農業発達史』に示されている。農業について、「『業』とは営利の意を含み利殖の為に事に従ふ義なり。所謂道楽或は名誉の為になすものは之を業と称せず、（中略）農業とは利殖の目的を以て人類衣食住の需要に供せんが為に動植物を生産する吾人の活動を云ふ」（『全集』第二巻）と説明する。農業に対しては、利殖を目的とする資本主義的（あるいは合理主義的）な視点が強調されている。

新渡戸は農業を利殖の目的を持った活動であると定義して、資本主義的経営を農業経営のあるべき姿ととらえる。しかし実際の農業は、新渡戸の考えるようなものから、ほど遠いものであった。これに対して新渡戸は営利や利殖を目的にしていないのは農業経営ではないとして、農業はあくまでも商品経済のもとでの活動ととらえられるとした。もっとも営利や利殖について、たとえば古代のエジプト、ギリシャ、ローマなどの農業についても、同様の考えに基づく活動であったとされる。つまり新渡戸の営利や利殖は、必ずしも資本主義のなかで生み出されるものではないようである。この点で新渡戸による資本主義的な農業は、あいまいなものであり、農業経営に対する見方も明確なものではなかった。新渡戸の農業経営に対する立場は判然としない。わが国の農業に対しても、小農保護的な地主農政を保護しようとしたのでもなく、資本主義的な農業経営を推奨しているわけでもなかった。

新渡戸は一八九七年の病気療養中に、今後の著述計画を立てている。それは大きく三つに分かれ、「一、〝農政学の前提〟（もっと正しく言えば、農政学研究序説）、二、〝農業史〟（二ないし三巻）、三、〝農政学〟（二巻）」（『全集』第二二巻）というものであった。一八九八年に刊行された『農業本論』は、この著述計画の第一番目の「農政学の前提」として書かれたものである。新渡戸の凡例によると、「本書は『農業本論』と題せるも、余の本旨は『農政前提』を綴り、以て『農政』の序論たらしむるにあり」（『農業本論』）と記されて、農政の前提となる農業概論的なものであるとされている。

『農業本論』は版を重ねるごとに手を加えられているが、全体の構成には大きな変化がなく、全一〇章の構成となっている。前半の第四章までは教科書的な内容であり、第五章以降に新渡戸の独自性が出ている。全体的に欧米の学説の影響がみられるが、前半部分はその学説紹介にとどまり、農業や農学の定義や分類について説明がなされる。後半部分は欧米の学説のなかで、とくに注目する点を強調し、農業とさまざまな社会問題との関連が扱われている。

『農業本論』は農政の前提となる概論的なものであるので、当然のこととして、幅広い分野が扱われる。これによって農政や農業に関心のある読者だけでなく、広範な読者の関心を集めている。しかし専門的な分野への実質的な影響となると、それほど大きくなかったようである。結果的に『農業本論』は農政学の確立をめざしたというよりも、農政学にとらわれることなく、農業に関連するさまざまな専門分野を、地方あるいは地域という枠組みでとらえようとしたものであった。新渡戸の農業研究の経緯からすれば、むしろ農政学という枠組みでとらえるよりも、地方や地域という枠組みで考察を深めたと考える方が、ごく自然である。

『農業本論』前半の第三章で「農業に於ける学理の応用」の部分では、農業と農学の関係について述べている。農業においては学理の応用が困難であるとして、「農の業たる、室内に於てするにあらずして多く野外にあれば、偶《たまたま》発明ありとも、之を秘法として永く利益を独占する能はず、刻苦新法を案出するも、忽ち他の知る所となりて十分の酬を得ざる也。かくて尚ほ焦心を敢てするもの、夫れ多きを得んや」(『農業本論』)と記している。そして農学と農業との関係が密であったとしても、実用という点で、未だ満足な結果が得られていない。これは農学という学問との両立が困難であるという、農業が本来もっている特徴に由来するとしている。農学は「他の学問と同じからずして、学理を講ずるを以て主とせず、寧ろ実利を挙げむとするの目的をも並び行はれしむるなり。故に、已に述べたるが如く、素《もとも》と学問と実業とは其目的及方法を異にするに関らず、この二者を同時に達せんことを欲望する誤謬より、屡々論理的に科学原理を統一すること能はざるに至る」(『農業本論』)という状態である。農業では学問と実業を両立することが望まれるが、それは難しいとされる。

しかし農政学という枠組みにとらわれなければ、農学と農業の両立の可能性は残されている。『農業本論』の第二章「農学の範囲」において、農学が何を対象とするのかについて説明する。そのなかで「地方学」に触れている。新渡戸は、

余は「地方学」と呼ぶものゝ中に、習慣を容れて研究し、習慣の然る所以を洞見し了るの必要あるを信ず。(中略)博学頴才《えいさい》の諸大家、鋭眼以て田舎の風俗を講究し、歴史、法律、人類、経済、言語学に関する研究をなし、猶ほ近時顕微鏡の学開けて細微の物を研究し、以て人類社会の事物にさへ推論し来れるが如く、地方学を発達せしめて、社会の細微的組織、即ち農村の講究を積むに従ひ、農業改良、信用組合、地方自治体、其他の団体に関することは論を俟たず、政治社会にまで少からざる形響を与えたり。近来至る所に於て「村是調査」と称するもの起り、あらゆる方面に趣味津々たる材料を供給するは、吾人の殊に喜ぶところなり。斯の如く将来農学の範囲は、如何に広大に赴くべき

かは、今日殆んど想像し得べからざる所にして、或は終に統一の便を欠き、農芸哲学、田舎文学、農民心理学等の如き、独立の諸科学を見んも計るべからざるなり。

（『農業本論』）

としている。農村における旧慣を見直し、農村の歴史を研究し、それを将来に役立てていくことを提唱している。

しかし地方学に触れているものの、学問上の位置づけにおいては、マイツェンのたんなる紹介にとどまり、わが国では先駆的であったものの、村落地理学の紹介の一つとして取り上げられるにすぎない。とくに新渡戸はマイツェンから直接学んでいるので、一般的に『農業本論』はマイツェンの紹介とされることが多い。しかし新渡戸の意図は、農学の対象とする範囲を広げて、地方学を確立するという点にあった。もっとも『農業本論』で地方学の紹介をしたものの、その具体的な方法や研究内容、そして意図について詳しく語ることはなかった。新渡戸は『農業本論』の後半部を自ら要約して、「農業と社会生命との関係緊密なる所以を説述したり」と語っている。つまり農業と地域社会との関係をくわしく分析することが必要であるとしているが、この時点で新渡戸の想定していたのは、未だ農政学であった。

新渡戸は地方学を模索する際に、イギリスのシーボーム（Frederic Seebohm：一八三三〜一九一二）らから影響を受けている。シーボームの研究に基づいて村落形態論を展開し、地方学の確立に役立てようとしている。これは第六章「農業と人口」のなかの「村落の形態」で示される。新渡戸によれば、この村落研究こそが地方学を確立する一つの方法であった。しかしヨーロッパの地方学と比べて、わが国では未だ地方学の研究に着手されていない状況にある。新渡戸は研究の必要性を訴えているが、その手始めとなる村落形態論も未だ学説紹介の域を出るものではなかった。ただし新渡戸は村落形態論の脈絡において、日本の「田舎」の衰退に触れている。資本や人口が都市へ集中する状況を、田舎（＝地方）の衰退ととらえ、中央集権的な制度が国力全体の衰微につながっていると批判する。新渡戸は田舎を国の活力の根本と考えて、都市の発達と地方の衰退を対立的な図式でとらえている。しかし田舎や農業を単に重視すればよいという農本主義的な偏った見方はとっていない。

『農業本論』の骨子は農業を重視しつつ、しかし農業のみによって国家の発展はありえないというものである。新渡戸は、今や我国は将に農本国を脱却し、商工を以て経済の国是となすの機運に近づかんとし、余も亦此現象を歓迎するの意あるは、本書を読過せし諸子の夙に知悉せる所なるべし。是れ一見商工を重んじ農を軽んずるが如くにして、農学者として其本分を尽さゞる所有るが如しと雖、而も余は自ら之を以て農に不忠なるものと信ずる能はず、唯是れ農業よりも国家全体の経済発達の要あるを知り、農民よりも全国民の尊きを思い、農事よりも国事の重きを感ずるがために外ならず。

（『農業本論』）

と語る。つまり一国の発展のために農本主義を脱却し、農業以外の商工業の発展が必要であるとする。

しかしそれによって、農業が衰退して強兵の基礎が崩れてしまうことがあってはならない。このゆえに農民は勤倹節約による自己修養や自己鍛錬をすることによって、質実な強兵が養成されなければならないとする。それと同時に国家の基となる農業は保護されなければならないとしている。新渡戸はその後の言説においても、農工商の分業体制の確立が望ましいとする立場をとる一方で、農は商工業の基、農は国富の基というように農本主義的な側面もみせている。この分業体制を望ましいとする立場と、農本主義的な考え方との間で、新渡戸は現実的な妥当性を模索する。そしてこの現実的な妥当性は、地方《ぢかた》という枠組みを用意することで、ある程度まで可能となっていく。したがって地方学はその枠組みの体系化に他ならない。

新渡戸は現実の農業における衰退という状況をみている。しかし農民に一方的に勤倹貯蓄を強要することはない。むしろ貧困に対する救済を訴えている。新渡戸の農業観には、主に二つの特徴がある。一つは農民生活に対して、その貧困を問題視し、その救済を訴えるという、新渡戸の信仰とも結びついたヒューマニスティックな側面である。もう一つは国家の繁栄と発展を願うナショナリスティックな側面である。もちろんこのナショナリズムは極端な国家主義を意味するものではない。『農業本論』の最後の章は、第一〇章「農業の貴重なる所以」である。経済学者の河上肇（一八七九～一九四六、以下は河上）は著書『日本尊農論』において、この第一〇章を問題視して新渡戸批判を展開している。新渡戸の農政学には、河上の言うように多分にナショナリズムの色彩があったことは否めないが、その一方で零細農の救済に関心を寄せていた。さらに農業の大規模化ないし資本主義化という方向性を指向していたものの、その一方で小農の救済方法も考えていた。この関心を具体化し、その救済方法を考えていくことも、地方学の役割の一つであった。『農業本論』は中途半端で常識的であったと評されることもある。しかしながら机上の空論で終わらなかった。その後に実際に台湾で糖業政策に着手し、地方学の構想などの試みを通して、より具体性のあるものとなっていく。

農政学の実践

新渡戸は実際的に植民政策の一環ではあるが、農業政策に従事した。一九〇〇年に児玉源太郎（一八五二～一九〇六、以下は児玉）台湾総督と後藤新平（一八五七～一九二九、以下は後藤）民政局長の要請を受けて、台湾総督府へ赴任する。一九〇一年二月に台湾総督府技師として現地へ赴任し、五月に民政部殖産課長になっている。

新渡戸が台湾に赴任する以前に、台湾総督府内では糖業振興政策をめぐって、意見の対立があった。急進的な大機械制工場の設立を進めようとする考え方と、小規模な製糖業（糖廍）から始めて、漸次大規模なものに移っていくという漸進的な考え方との対立であった。台湾糖業にとって、いずれの政策がよいのかという課題に応えることが、新渡戸の赴

図６　台湾総督府時代の新渡戸稲造
写真提供：新渡戸常憲氏。

任の主な理由であった。

新渡戸に与えられた最初の任務は、台湾糖業の振興政策を策定することであった。着任した年の九月に早くも児玉台湾総督に対して『糖業改良意見書』（以下は意見書と略す）を提出する。意見書の執筆にあたって、実情をできるだけとらえようとする姿勢よりも、むしろ理想を示したような意見書の執筆のほうが求められた。この要請に基づいていたのでは、往々にして「机上の空論」が展開されがちである。しかし後藤の統治方針は、科学的調査に基づくことを重視していたので、実際の意見書は観念的なものにはならず、実態に則したものとなる。しかも新渡戸のそれまでの著書に比べて、はるかに論理的なものであった。理想を示すようにという要請に、忠実に応えるとすれば、大機械制工場の設立が望ましいという意見になるであろうことは、十分に予想できる。しかし実際に提出された意見書の結論は、小規模な製糖業から始めて、徐々に大規模なものへと移っていくべきであるというものであった。これは新渡戸が理論的・科学的に基づいたというよりも、現地の農業形態や地域の特性を考慮に入れようとしたためであった。この点で新渡戸は、行政などの振興主体本位の折衷主義よりも、現場に応じた状況本位の折衷主義をとったといえる。

新渡戸の意見書は、漸進的な移行を説く一方で、学理の応用と政府による保護を強調したものであった。新渡戸は前述のように農業は学理の応用が困難な分野であると考えていた。しかし台湾という現場で技師となり、その学理を実際に応用する場に直面し、応用せざるをえない状況になった。このような状況に立たされて、むしろ意見書において学理の応用を強調する。その一方で、政府による保護も強く主張する。科学技術の力によって甘蔗（サトウキビ）栽培や製糖法の改良を図る一方で、政府が積極的な保護政策（直接的な補助金が重視される）をとれば、台湾の蔗糖はヨーロッパなどの甜菜糖に対抗できると説いた。新渡戸は科学と政府に期待し、それによって製糖業の改良発達が可能であるとする。

新渡戸は大工場の経営が可能となる条件が整備されるまで、従来の糖廍を改良して、製糖工程を合理化することによって「改良糖廍」を生み出し、徐々に規模を拡大するという展開を考える。しかしこの結果、糖廍が甘蔗栽培者となり、たんなる原料供給者となってしまい、従来まで得ていた製糖利益が失われる恐れがあった。実際の展開では、製糖会社が相対的に有利な立場となり、農民に利益が還元されることは少なかった(矢内原忠雄『帝国主義下の台湾』)。これに対して新渡戸は蔗農による「糖業組合」の設立を訴え、蔗農の利益を保護するように訴える。しかしこの蔗農の保護のための組合構想は実現に至らなかった。

具体的な糖業奨励政策では、組合構想のように実現に至らなかったものもあるが、成果のあった事業もある。たとえば一九〇三年に甘蔗作場が設けられ、台湾全土に四カ所の甘蔗苗圃が置かれ、そこで種苗が育成された。また各地の老農を選んで模範蔗園を設けて、あるいは農民から優良な甘蔗の提供を受けて、その種苗を買い上げ、無償で希望者に下付した。こうして改良種の作付面積は徐々に増加した。甘蔗は一九〇五年ごろまでは、在来種の方が圧倒的な割合を占めたが、翌〇六年には在来種と改良種の割合はほぼ同一となり、一九〇九年ごろには改良種が全体の八五パーセントを占めるまでになった。奨励政策による提案が実現をみた成果であったといえる。

新渡戸の意見書に基づく糖業奨励政策は、総じて効果をもたらした。一九〇一〜一〇年までの一〇年間に、甘蔗の作付面積は約三・四倍、収穫高は変動があったものの約三・七倍に増加する。この増加にともなって製糖業の改良も進展し、同じ一〇年間で旧式糖廍数は八九四から四九九へと半減する一方で、改良糖廍はまったくなかった状態から七四まで増加する（山根幸夫「台湾糖業政策と新渡戸稲造」東京女子大学新渡戸稲造研究会編『新渡戸稲造研究』）。しかし新渡戸が糖業組合の設立を訴えて、蔗農の利益の保護を強調したにもかかわらず、新式工場の大資本が独占的地位を占め、蔗農の利益の保護はできなかった。その他にも新渡戸は蔗価の公定や甘蔗保険の設定など、蔗農の立場を保護する政策を訴えたが、いずれも採り上げられなかった。台湾では新渡戸による施策ばかりでなく、樟脳・塩・アヘンの専売化や、ウーロン茶の生産に最新技術が導入されるなど、他の振興政策による経済的な進展もみられた。この結果一九〇四年以降、台湾は日本政府からの補助金を投入しなくてもよいという経済状態になっている。

植民政策の講義

新渡戸は一九〇四年に京都帝国大学法科大学教授（植民政策担当）の専任を命ぜられ、臨時台湾糖務局長を辞任する。わが国ではじめての大学における植民政策の講義であった。

しかし植民政策の講義は、厳密にいうと、このときが最初ではない。日本ではじめて植民政策の講座を設けたのは札幌農学校であり、一八九一年に佐藤昌介（一八五六～一九三九、以下は佐藤）によって、植民政策の講座が担当された。これは一八九四年度の講義から、佐藤にかわって新渡戸が受けもつようになった。しかしこのときの植民政策の講座は、経済理論の講座の一つとされ、J・S・ミルを中心とする古典的自由主義の思想家などを扱った教材が使われたので、京都帝国大学で行った植民政策とは講義内容がかなり異なるものであった。

京都帝国大学で講義した植民政策論は、土地利用に重点が置かれた。それはアメリカの社会思想家であるヘンリー・ジョージ（Henry George：一八三九～九七）の土地論（私的所有を基礎にして、土地は人間の共有財産であるという考え方）に影響を受けたものである。しかしヘンリー・ジョージの学説を紹介しているのではなく、その土地国有論に対比する形で、新渡戸は自説を展開している。新渡戸は「ヘンリー・ヂョーヂ氏は世界土地共有論（Internationalization of Land）を主張すべし。（中略）要するに植民最終の目的即地球の人化と人類の最高発展とを実現するには、少くとも土地に就きては世界社会主義の実現を要すべし。（中略）即ち土地を最もよく利用する者、或る意味に於ては土地を最も深く愛する者こそ、土地の主となるべけれ」（「植民の終極目的」『全集』第四巻）と語る。新渡戸は土地に関して「世界共有社会主義」という名のイデオロギーを唱えている。この考え方は旧約聖書詩篇二四篇一節の「地とそれに充つるもの、世界とその中にすむものとは、皆主のものなり」に基づいている。新渡戸はヘンリー・ジョージと同じように、キリスト教の影響を受けて土地論を展開している。しかしヘンリー・ジョージと異なる点は、所有だけでなく、その利用にも重点がおかれ、利用主体こそ土地所有者にふさわしいと主張した点にあった。

新渡戸の植民理想ともいうべき、土地利用者が所有をするという考え方は、後に土地利用と人間生活の結びつきを重視する地方学へと結実する。しかし新渡戸の植民理想は、帝国主義的な思想に利用されやすいという側面を持っていた。しかしその一方で欧米列強の侵略に対抗するという意味も持ち、一概に帝国主義的な思想とはいえなかった。新渡戸自身は「植民とは大体に於いては優等なる人種が劣等なる人種の土地を取ることである」（「植民政策講義」『全集』第四巻）という理由で、帝国主義的な侵略を意味しないとしている。しかし土地利用（天然資源の利用なども含む）に関わって、侵略が進んでいったことを考えると、実際には新渡戸の意図通りにはならなかった。

新渡戸の植民政策の講義では、日本の植民地支配への批判が多くみられる。新渡戸はいくつかの批判点をあげる。たとえば、大学の設立などによって文明の発展をめざそうとする志が低いこと、原住民のために尽くす「公の良心」が欠落していることなどをあげている。さらに日本による同化政策を非難して、「植民政策の原理は、（中略）強いて一言にして言えば、原住民の利益を重んずべしということであろう」（「植民政策講義」『全集』第四巻）と結び、原住民の風俗習慣に干渉しないことを強調している。これは後の地方学の構想において、土地利用と結びついて地域住民の生活習慣を調査すべきであるという考え方につながるものである。新渡戸の植民政策の講義は、『農業本論』と同様に体系化されたものではない。植民に関する学説を百科事典風に紹介したものである。この新渡戸の幅広さは、一面では概念の精緻化が粗っぽいことに由来するものであろう。しかし新渡戸は農政学にしても植民政策にしても、こういった特徴をもっているがゆえに、地方ないし地域という枠組みを作ったといえなくもない。

後のことになるが、大学という場で植民政策を講義した人物に矢内原忠雄（一八九三〜一九六一、以下は矢内原）がいる。矢内原は植民地への日本人移民は必要とされているものの、それは社会的経済的活動として実質をともなったものでなければならないと説く。

台湾への移民の失敗は、形だけの自作農移民であって、台湾の食料自給をめざしたものではなく、台湾人に対して民族的な対抗や融和という政治的意図が重視された結果によってもたらされたとする（『帝国主義下の台湾』）。矢内原も新渡戸と同様、同化政策に対して批判的であり、矢内原によれば、世界的な植民統治政策は従属主義から同化主義へと転換し、さらに同化主義から自主主義へと推移しつつある。しかし矢内原の場合は、日本の政策がすでに同化主義に転換していたために、それへの批判的観点から同化主義を特徴づけ、その批判を明確にするために自主主義を好ましいものと位置づけているにすぎない。矢内原は後藤の統治政策を「生物学的政治」と名づけて、同化主義に転換する以前の政策ととらえている。生物学的政治は現地対応・非干渉主義、旧慣尊重、非同化主義という特徴を持ち、矢内原はそれを進歩的であると評価する一方で、台湾社会の特異性の認識が専制政治の基礎になったという側面をもったと批判している（『帝国主義下の台湾』）。

わが国では植民政策の講義は第二次世界大戦後に、その名称は消滅する。しかしその後、「国際経済論」という科目の名称に変わって再発足している。今日、植民地という地域がほぼなくなろうとしている一方で、帝国主義的な思想がまったく消え去ったとはいえない状況にある。新渡戸と矢内原の発想が、現在どのような展開をみせているのか興味深いものがあるが、新渡戸と矢内原がキリスト教徒であったことからも、欧米における植民や開拓の根本には、キリスト教の精神があったことは明らかである。内村の農業観の形成と同様、台湾や満洲などの植民や開拓の背景に、キリスト教という宗教のあったことは注目すべき点である。

地方学の展開

新渡戸が地方学の具体的な展開を語ったのは、一九〇七年二月一四日に開催された中央報徳会例会であった。この例会における講演ではじめて「地方の研究」が公にされた(「地方の研究」『斯民』第二編二号)。『農業本論』において地方学が紹介されて以来、台湾糖業政策の実施を経験して、さらに大学での植民政策の講義を通して、地方学はかなり具体性を帯びたものとなっていた。

新渡戸は講演において、地方の研究について「少し此日本の材料を蒐めましても、材料の出所は多く地方何々という書物から出て居りますからして、地方の事を研究するという考で申上げるのであります。地方というのは、無論土地というものに最も関係は近い。けれども唯地面ということではない。土地に直接関係のある農業なり制度なり其他百般のことを含んで地方の研究というのである」（「地方の研究」『斯民』第二編二号）と説明する。地方学とは、簡単にいえば、地方の歴史、文化、風俗習慣を研究し、都市にはない農村のよさを発見することによって、地方の活力を高める必要性を説いたものである。具体的な研究内容として、地名、家屋の建築法、村落の形態、土地の分割法、言語・方言の五つが取り上げられ、旧家の記録、村鏡《むらかがみ》（江戸期に作成された村の概要を記した文書）、水帳《みずちょう》（検地帳）、明細帳などを学術的に利用し、各地方の古書などを学術的な方法で編集することなどである。これは今日の民俗学の骨格に通じるものであり、地方学や地方史研究の先駆けといえるものである。

新渡戸が地方学を構想するにあたって強調した点は、『農業本論』において紹介したシーボームの村落研究をさらに展開させて、中央と地方、外来と土着の対置において、それぞれ前者の歴史論や文化論を相対化して、後者の重要性を指摘することであった。つまり、中央に残る文献史料によって構成された歴史論や文化論と、地方に残る文献史料や非文献史料によって構成された歴史論や文化論を対置させて、地方の重要性を強調することであった。都市や中央の歴史論や文化論を無視するものではないが、地方を都市や中央に対するアンチテーゼととらえ、さらに地方を外来文化や近代文明に対置される「地《ぢ》に根ざした文化」や土着的な思想や文化の拠点として位置づけられた。新渡戸がこのように地方を強調する目的は、地方学が農村の救済という実践性を内包した経世済民の学となることをめざしていたという側面も持っていたからである。

新渡戸は『農業本論』における零細農の救済の強調、台湾糖業政策における蔗農の利益の確保、植民政策の講義における原住民の利益への配慮など、一貫して農村ないし農民の救済という目的を掲げている。農村の救済という点では、柳田國男（一八七五〜一九六二、以下は柳田）の農政学と類似性をもった。柳田の場合には農政学から民俗学への展開でみられたように、その方法論の整備が強調され、「協同と自助の精神」という共同意識の育成が主な目的となっていく。柳田は新渡戸によって提起された地方学の一つの方向性を展開したといえるであろう。

地方学は農村救済という目的を持っていたが、この目的を達成するために、そのもともとの発想となった中央対地方、都市対農村という対置のなかで、農村を徹頭徹尾、調べればよいというものではない。これだけでは新渡戸は農村という枠内でとどまってしまうと考えたようである。新渡戸は地方を研究すれば、広がりをもって国全体のあり方、さらには世界や人類史の展開まで理解できるようになると考えている。新渡戸は「自分の力に及ぶ小さなものを研究して、それを伸ばしさへすれば、大きなことに応用が出来るという議論で、アダムス先生は、お前達は亜米利加の憲法或は行政を調べようとするならば、先づ小さな村なり郡なりを調べよというて奨励する」（「地方の研究」『斯民』第二編二号）という点から学んだという。国家の政治や経済、さらに帝国主義などについて理解しようとすれば、一郡や一村について空間的にも時間的にも徹底的に調べる必要がある。そして一郡や一村を調べることによって、国家や世界のことを知ることができるという。

講演では地方学の一般論から各論へと進んでいく。その研究の第一に「氏名」「地名」の研究をあげ、第二に「家屋の建築様式」をあげ、第三に「村の形」をあげる。さらに第四に「土地分割」をあげ、第五に「言語・唄」をあげる。新渡戸によれば、これらの研究対象は国民的慣習とよべるものであり、この国民的慣習こそが「国体」であるという。新渡戸の考える国体とは、神秘的な意味あいのものではなく、経験主義的ないし習慣尊重的な意味あいのものである。それぞれの国では、その歴史のなかで固有の国民的習慣が構築され、それは容易に変化し難いものである。日本の国体もその例外ではない。新渡戸は「今日、日本の国体は、どう見ても説明が出来ないからといつて、それは日本の国体に理屈がないのではない。吾々の頭が、十分これを噛砕くだけの力がないからである。何故かくいうかとなれば、現に、二千年続いたといふファクトが、ここにある。嘘でも何でもなく、ちゃんとここにあるのである。先づこのファクトをアクセプトしなければならない。それを自分の聞齧りの、しかも西洋で出来た言葉などで、説明が出来ないからとて、そのものが合理的でないとか、学問的でないとかいうことは、これこそ頗る危険思想である」(「糖業改良意見書」『全集』第四巻)と語る。新渡戸は地方学でとらえることのできる慣習を、国家レベルの抽象概念まで高めようとする。それを国体とよんでいる。

さらに地方学の方向性について、「此田舎に対する趣味を増すことを養成するということは、政略ではない。今の自治体を良くしようとか、或は教育上必要であるからという、其目的を達するの方便としてのみではない。研究の材料として私は大変趣味のあること丶思う。学問として大変面白い意味があると思う。殊に余り人のやって居ない学問であるから、少しやると直き大家になれる。今の所では斯ういう学問はないようであるが、私の地方の研究ということに就て申すのは、之を科学的に研究することが出来ること丶思う」(「地方の研究」『斯民』第二編二号)と語る。地方研究はほとんど着手されていないので、科学的に研究することによって、地方学を確立できる可能性がある。新渡戸のいう地方学は、やがて郷土研究へと展開し、その体系化がめざされ、それと同時に民俗学や村落地理学の形成のきっかけを与えた。

柳田民俗学は、明治三〇年代に始まった明治国家の「地方」への関心と運動の体験に基づいて形成された。この形成に大きな影響を与えたのが新渡戸である。新渡戸による地方学の提唱と、そこから出発した「郷土会」での研究が、柳田民俗学に学問的個性を与えることになる。新渡戸は後に、地方の研究と郷土の研究について、

『農業本論』なる一書を世に公にして、『地方』の研究を唱導したのは、既に卅年以前のことであつた。其頃は郷土なる語が今日の如く学問の対象として行はれてゐなかったから、我輩は昔より伝へ来った『地方』なる文字を借りて、今日の郷土の意味に用いたのであった。而して我輩の望んだことは、郷土の地理的観察は勿論のこと、歴史の研究、現代社会的の調査、殊に経済、即ち生活、及び物産等に関する考察を唱導したのであった。

（「郷土を如何に観るか——郷土研究の多方面」『郷土』創刊号）

と回顧している。新渡戸は「郷土」という言葉が学問的な共通語として用いられていなかったので、伝統的な地方という言葉を使ったとしている。新渡戸は地方と郷土という言

葉に、それほど大きな差異を見出していなかったようである。

柳田は新渡戸の地方学の提唱に影響を受け、新渡戸を主催者とする郷土会を、柳田自身を幹事役に発足させる。新渡戸によれば、郷土会は「土地と生活との交渉を明らかにしようという目的」(「地方の研究」『斯民』第二編二号)で議論をする場であった。その中心メンバーは人文地理学の小田内通敏(一八七五～一九五四、以下は小田内)、農政官僚の石黒忠篤(一八八四～一九六〇、以下は石黒)、農業経済学の那須皓(一八八八～一九八四)、農業史の小野武夫(一八八三～一九四九)、地理学の牧口常三郎(一八七一～一九四四)らであった。郷土会の参加者には、柳田や石黒らをはじめとして、農政学あるいは農業経済学の専門家が多かった。

郷土会での報告は各地農村の調査報告が多かった。郷土会での報告を概観すると、おおよそ三つの傾向に分類できる(宮田登「郷土会と郷土教育」児玉幸多・林英夫・芳賀登編『地方史の思想と視点』)。すなわち、①村落共同体における地域住民のまとまりについて、地人相関的な視点から把握しようとする研究、②社会変動的な視点から、村落生活を構成しようとする研究、③民俗誌的な観点から、村落生活における習俗を位置づけようとする研究であった。学問的には農政学や農業経済学にとどまるものではなく、今日の農村社会学や、農民生活に関心を寄せる民俗学に及ぶようなものとなった。新渡戸はそのまとめ役であったが、小田内によれば、新渡戸は特定の思想や考え方によって、郷土会を組織することを嫌ったために、郷土学（地方学）として体系化するまでには至らなかった。

新渡戸は郷土会を通して、必ずしも学問の確立をめざしたわけではない。郷土会での発表は、旅行の報告程度のものであり、学問の確立という方向性を持っていなかった。新渡戸は郷土会を、お互いに郷土に関する多方面の知識を自由に交換できるサロン（あるいはサークル）のようなものと位置づけた。ちょうど『農業本論』を農政学の前提としていたように、郷土会を郷土学の前提として位置づけていたのかもしれない。

新渡戸自身はこの郷土会で二回の報告を行っているが、たんに各農村の紹介にとどまらなかった。零細農の救済という視点が強く出たものであり、小農民の生活を安定させるには、どのようにすればよいのかが、発表の底流となっていた。新渡戸自身の問題意識は、膨張する都市に対して解体する農村という視点から、農村救済という側面が強く出ていた。郷土研究の意図はこの点にあり、これが地方研究の目的と考えていたようである。農村救済にとって農村改良は不可欠であると考えていたが、それは地方の習俗をはじめとする生活実態に即した「地に根ざしたもの」とならなければならない。その地方の生活実態の把握こそ、地方学の根本的な点であり、郷土会の研究目的としていた点であった。

新渡戸と柳田では、都市と農村に対して基本的な認識の違いがある。新渡戸は農村救済を提唱していたのに対して、柳田は都市と農村との関係を有機的に結ばれる存在ととらえ、それぞれの並存を考えていた。新渡戸は地方の研究によって解明される地方の独自な文化的歴史的特性と、地方土着の思想によって、都会人や中央人に対置することを企図した。これに対して柳田は、郷土の研究は「郷民」自身の自覚あるいは覚醒のために行うものと位置づけていた。新渡戸は郷土会では地方学について、まったく言及していない。おそらく新渡戸と柳田の構想が交錯するなかで、民俗学のなかに地方学が包摂されていくような流れになったといえるのかもしれない。

しかしながら地方学は、小田内や柳田による学問と大きく異なる点をもっていた。それは地方学が「自治制度を全うする」ことにもっとも効用があるとしていた点である。もちろん人文地理学や民俗学には自治制度に関する言及はない。新渡戸は『農業本論』において、すでに地方自治制度論を展開していた。そのなかで新渡戸が説く「完美なる自治制」は、地方の名望家による地方自治を前提としたものであった（『農業本論』）。いみじくも名望家に依拠する地方自治論に表されているように、地方学はパースナリズム（私的関係主義）

に陥る傾向をもったといえる。

そして地方学にみられたパースナリズムは、新渡戸の教育活動を通じて、わが国の官僚制度の内部に入り込む。官僚制度にパースナリズムが持ちこまれるとき、それは官僚派閥の基礎となってしまう危険性をはらむ。日本の伝統的な思想の多くは、思想をパースナルな面においてとらえることに習練を積んできたといえるが、いみじくも新渡戸のパースナリズムは、それを反映したものになる。内村は新渡戸について「博識であり、細目については多くの妥当な判断をくだすが、全体としてのまとまりはなく、結論に個性がない」と評している。この批評は新渡戸に向けられたものであるとはいえ、官僚派閥の思想を適切に表現しているともいえる。ここにおいて「新渡戸を原型とする日本の官僚的自由主義」（鶴見俊輔「日本の折衷主義――新渡戸稲造論」伊藤整・清水幾太郎編『近代日本思想史講座Ⅲ』）の形成がなされ、この思想は戦前期の日本の官僚制を形成するうえで、大きな役割を果たすことになる。

国際関係と地方学

新渡戸は基本的に教育者として生涯を送ったといえるが、その教育者（研究者）としての出発点は農政学であった。しかし農政学が出発点であったとはいえ、農政学にとどまることなく、郷土研究や地方学へと目を向ける。この郷土研究や地方学を構想するうえで、新渡戸が持った考え方には、大きく四つの特徴がある。一つは近代合理主義的な考え方である。これは具体的には、アメリカ流のプロテスタンティズムの影響のもとで、資本主義化を肯定するものである。二つはキリスト教信仰に基づくヒューマニスティックな関心の強さである。これは農村の貧困問題に寄せる関心の強さとなって現れる。三つはナショナリスティックな要素である。これは国家的な繁栄を重視する立場を意味し、偏狭な国家主義とは異なる。この特徴は日本的な特質に強い関心をもち、さらに商工業の発展に対する国家の施策に協調的な姿勢を示している点に現れている。四つは現実主義的な考え方に基づいて議論が組み立てられているという点である。新渡戸の地方学は、これらの特徴に基づいて構想されたものであったといえる。

しかし新渡戸の地方学は、これらの特徴を持っていたからといって、当時の地方論や農政学と際立った違いがあったわけではない。なぜなら上記の四つの特徴は、それほど徹底したものではなかったからである。たとえば農業経済論としては、社会学的な要素や心理学的な要素、あるいは宗教的な要素まで入り込んでいるので、体系化されたものとは言い難く、農業経済論として高い評価を受けていない。しかしながら新渡戸の複眼的ともいえる視点は、他に例をみない。つまり幅広い視点で事象をとらえているという点では、高い評価が得られると考えられる。この複眼的な視点こそが地方学に生かされた。

もっとも複眼的な視点をもっていたとはいえ、地方学がわが国の農業ないし農村研究に対して果たした役割はそれほど大きなものではない。それは新渡戸の地方学が体系立てられたものではなかったことに由来するのと同時に、当時の農業研究が未だ地方学を受け入れるほどには、広範に組み立てられたものではなかったからである。しかしながら地方学は新渡戸の農政学の実践や国際関係での経験をふまえたものであったので、地方学の包括性は、国際社会においてこそ十分に生かされるものとなる。新渡戸は周知のように国際連盟で活躍し、日米間をはじめ各国間の関係改善に尽力している。地方学は国際社会という脈絡において展開されたものといえるのかもしれない。新渡戸において国際関係の基礎にあるものは、人間関係のそれと同様に、「道義」（道徳上の筋道）であった。新渡戸は国際協調の必要性を強調し、国際的視野での Sociality（社交主義）を説いている。新渡戸の社交主義は、プラグマティズムやドイツ歴史学派から影響を受けた人間同士の相互関係の重要性を強調したものであった。

新渡戸の社交主義に基づく国際協調主義は、内村の考える弱小国の連帯に通ずる面を持つ。そして国際協調主義ないし弱小国の連帯は、新渡戸も内村も言うように、グローバル化によってもっとも打撃を受けやすい農民や農業の保護に通ずる。言い換えれば、各国の農民ないし農業の保護は、グローバル化や反グローバル化によって達成できるのではなく、国際協調主義ないし弱小国の連帯によって達成できると考えられる。そしてグローバル経済は統治する制度に乏しいという欠点がある以上、そこには何らかの働きかけがいる。それは内村の場合は、小国論にみられる政治的な働きかけであり、新渡戸の場合には、国際協調主義にみられる道義であった。今後、各国の農業保護にとって国際的な経済制度が必要となるであろう。その経済制度が円滑に機能するには、国家という枠にしばられない「政治的な働きかけ」や「道義」が必要とされるのである。

第2章　二宮尊徳思想の現代的意義

――幕末期の農村復興に学ぶ――

並松信久

並松信久
（なみまつ　のぶひさ）
第１章に同じ。

1　なぜ二宮尊徳か

実態と結びついた思想

現代日本の農業は衰退している。農業を取り巻く国内外の状況も、必ずしもよいとはいえない。日本農業の立て直しということで、参考とすべき思想や実際の活動は、数多く存在する。しかし現在に至るまで、その思想の影響力と、実際の活動の成果という点で、二宮尊徳（以下は尊徳）の思想と活動に勝るものはない。

尊徳は幕末期の一七八七年に生まれ、一八五六年にその生涯を閉じた。この時期は江戸幕藩体制の崩壊期であった。幕藩体制の矛盾は拡大し、多くの農村は疲弊状態にあったといわれる。尊徳は疲弊した農村の復興に努めた人物として広く知られている。とくに没後の明治期以降に、尊徳思想の実践をする「報徳社」（北関東や東海地方を中心に、尊徳の門弟や尊徳思想に影響を受けた人々によって、地元の村に作られた）という結社組織の拡大を通して、あるいは半官半民の団体である「報徳会」（全国の町村を対象に、内務省が主導する形で作られ、報徳思想の啓蒙活動が中心であり、当時の多くの知識人が動員され

図１　二宮尊徳坐像

岡本秋暉画。
提供：報徳博物館。

た）の活動を通して、尊徳は政治・経済・文化・教育などの各方面で、その名をとどめている。尊徳の事績については、あまり知られていないものの、尊徳という名の認知度は非常に高いゆえんである。

　尊徳による農村復興の施策は「報徳仕法《ほうとくしほう》」とよばれている。報徳仕法は幕藩体制の崩壊期において、北関東および東北地方で広範な展開を遂げ、約六〇〇の農村が関係を持ったといわれる。そしてこの展開は幕末期にとどまることなく、明治期以降も続き、報徳社として続いていった。報徳社は北関東・東北・東海の農村を中心に徐々に拡大し、日本土着の農民結社として、近代日本において大きな影響力を持った。これは政府による働きかけというよりも、多くの在村地主（豪農ないし篤農）に尊徳思想が受け入れられていった結果にほかならない。尊徳思想は自村の荒廃に悩む在村地主に対して、復興への示唆を与えた。

尊徳思想が有効性を発揮できた理由は、この思想が農村や農業という実態とかけ離れたものではなかったという点に求められる。江戸期から現在に至るまで農業思想のなかで、これほど実態と密接に結びついた思想はない。尊徳による農村復興の成果は、昭和初期に『二宮尊徳全集』（佐々井信太郎編、二宮尊徳偉業宣揚会、一九二七〜三二年）という形で刊行される。これは全三六巻に及ぶ大部なものであるが、そのほとんどは、復興仕法の記録や農村の古文書類から成っている。尊徳の思想は机上で著されたものではなく、「事実」によって語られている。

尊徳思想が形成された当時と現在とで、その背景となる政治体制や経済状態などは、もちろん大きく異なる。しかしながら農村や農業の荒廃という点では、現在と通ずる点が多々ある。この点で尊徳思想を今改めて見直すことに意義があると考えられる。本章では尊徳思想の形成過程や農村復興過程を明らかにして、農業再建の手がかりとしたい。

図２　二宮尊徳先生幼少期之像

コンクリート製。像高約１メートル。元・都々城小学校跡地に立つ。同小は昭和50年に100周年を迎えている。現在地は京都府八幡市上津屋《こうづや》「四季彩館」敷地内。

図３　二宮金次郎を描いた引き札

引き札とは現在のチラシ，パンフレットにあたるもの。当時人気のあった人物が，アイドルのように，引き札を飾った。

尊徳の略歴

本論に入る前に、尊徳の略歴を追っておきたい。尊徳の経歴については、その代名詞ともいえる少年期の「勤勉倹約」が、全国的に著名であるものの、その後の経歴については、ほとんど知られていない。とくに少年期については、小学校の金次郎像によって著名となったものの、全国の金次郎像の来歴については不明な部分が多い。しかしその多くは、それぞれの地元の自発的な「寄付」によって設置されたものであり、政府が命じて作らせたものではない。金次郎像は「読書しながら薪を背負い歩く姿」という画一的なものではなく、それぞれ地域の特性が反映された像（たとえば、漁村であれば網を引く金次郎像など）となっている。おそらくこの点で各地域における尊徳のイメージの定着がよかったのではないかと考えられる。しかしイメージの定着があっただけで、尊徳の事績については、ほとんど知られることがなかった。尊徳の事績はむしろ少年期以降に特徴があり、尊徳の生涯こそ、農業再建のヒントが隠されていると考えられる。

表１　二宮尊徳略年表（数え年）

１歳	1787（天明７）年に小田原栢山《かやま》で誕生する。
５歳	小田原・酒匂川《さかわがわ》氾濫で，一家は田畑（２町３反歩）を失う。
14歳	父親が没する。
16歳	母親が没する。尊徳は同族（二宮本家）に，弟２人は親類に預けられる。
20歳	尊徳だけが生家に戻る（田畑９畝10歩の所持）。
24歳	江戸・伊勢・京都・大坂・金毘羅を巡拝する。
25歳	一家再興が成る（田畑１町４反５畝余の所持）。
26歳	服部家の若党となる。
29歳	服部家を辞す。
31歳	結婚する。
33歳	離婚する。
34歳	再婚する。
35歳	伊勢・高野山を参拝する。宇津家桜町領の調査に着手する。
36歳	桜町領の復興仕法（10カ年計画）に着手する。
37歳	桜町領へ転居する。
43歳	成田不動尊で断食誓願をする。
45歳	桜町領の第一期復興仕法が完了する。小田原藩主の大久保忠真が尊徳の業績を「以徳報徳」と評する。
48歳	『三才報徳金毛録』を著す。
48歳～70歳	数多くの農村復興を手がける。
70歳	1856（安政３）年に日光今市で没する。

尊徳の略歴を見てみる（表1）。尊徳はおおよそ二五歳まで自家の家再興に着手し、三五歳以降に農村復興を手がけている。四五歳のときに最初に手がけた農村復興に目途が立ち、藩主から評価されたことから「報徳」とよばれるようになる。それ以後三五年あまり、北関東や東北を中心に数多くの農村復興に着手している。

2　百姓の存在

百姓と農民

尊徳は幕末期の「百姓」であった。その百姓とは、どのような存在であったのであろうか。いわゆる農民という呼称は、農業に従事しているという意味を持っているが、百姓という呼称は、農業という特定の職業従事者を意味するものではない。百姓とは村内での構成員であるという資格を認められた家（家長）に付与される身分呼称である。つまり百姓と農民は同一の概念ではない。村内には農業従事者が多いために、百姓と農民は混同されることが多いが、本質的に異なるものである。

百姓は職業とまったく関係がないというわけではないが、その本義は村人と領主の双方が、村の正規の構成員として認めた者のことを指す。ただし第一義的に百姓を認定するのは村人であり、領主は基本的には村の決定を追認するにすぎない。江戸期には領主は一般的に百姓の生計維持を保障する役割を持つと考えられていた。これを「百姓成立《なりたち》」という。百姓成立を保障するために、領主は「御救」をするという関係にあった。

村内には農地をまったく所持（所有）しない家も数多くあった。一般的にそれらの農民は水呑《みずのみ》とよばれ、百姓と認められていなかった。しかし幕末期に至って、これらの家も次第に経済力をつけ、村内での発言権を強める。これによって百姓として、あるいは百姓に準ずる存在として認められる傾向にあった。また以前には農地を所持（所有）していたものの、それを手放して、主に商売をしている家でも、村人が百姓と認めれば、百姓であった。

農業の多角化・兼業化

村内には農業に従事していない家が存在し、その家も村の構成員として認められていた。とくに幕末期の都市近郊では、農業以外の「生業」が盛んとなり、その生業によって家計を維持することが広範にみられるようになる。幕末期の百姓は、経営をできるだけ多角化し、家族労働力を可能な限り、さまざまな生業に効率よく配分することによって、生計を維持しようとした。民俗学の宮本常一（一九〇七～八一、以下は宮本）は著書『生きていく民俗——生業の推移』のなかで、「農民は同時に職人でもあった。ほんとうの農耕に費す時間は、すべての労働時間のうちの半分には達していなかったと思われる。そして自給度が高いほど誇りを持っていた」と語っている。

生業の従事について幕府は一七七七年に、奉公稼ぎによって田畑が荒れるとして、耕地と労力の割合を考えて、村方に差支えのない場合にのみ、年季を限って奉公に出るように命じている。これは本百姓体制を維持しようとする幕府の意向であると同時に、奉公稼ぎが農村部において、かなり目立つものとなったことを示している。幕末期には奉公稼ぎのように村外ばかりではなく、村内においても小商いなどの「農間余業」あるいは「農間渡世」が増える。つまり農業以外で収入を得る機会が増加した。尊徳の生誕地である相模では、農間余業は一八世紀半ばから始まったものが多いが、一九世紀に入ると急速に増加した。農間余業によって収入を増やす一方、そのために資金を必要とした者が多くなった。尊徳も自家再興に腐心していた一七歳の一八〇四年から米や金の貸付を行い、一八一二年から一五年まで小田原藩の服部家の若党になった時期（二六～二九歳）に、金銭の貸与を行っている。

農間余業の増加にともない、村内の各家の経済力は、必ずしも所有地（所持地）の規模だけでは計れなくなる。家族が奉公に出て給金を稼ぐことで、土地所有（農業）とは関係のない家計収入が多くなっていく。この点で幕末期には貨幣経済が村内により一層浸透したといえる。しかしこれによって百姓全体の生活水準の向上はあったものの、それと同時に経済格差の拡大という問題も進行する。それに対して百姓が取りえた没落防止策は、農業経営の多角化（他作目の栽培や商品作物の拡大）を徹底させることであり、農業以外の生業にも従事することで、世帯の収入増加を図ることであった。幕末期になると、都市近郊では働く機会や働く場は増加していたので、農業経営の多角化が無理であっても、農業以外に働く場を求めることによって、収入を増やすことが可能であった。

まさにその典型的な事例が、尊徳が没落した自家を再興するために、奉公稼ぎに出て、賃銭を得たことである。尊徳は日雇や仲間《ちゅうげん》奉公によって賃金を得た。また小田原に出向いて米を売却し、その代金で下肥を買い入れて、生家のある栢山村で売った。もっともこういった行動は尊徳に限られたことではない。多数の百姓が、栢山村から小田原藩の藩士の屋敷や町屋に柴薪を売りに赴き、小田原で下肥や日用品を求めていた。尊徳に固有の勤労倹約は、このような幕末期の状況で発揮されたものである。

明治期になって地租改正を経て、たとえ所有地がなくとも、小作地を借りて農業を続けていた家が数多い。都市化・工業化が進むにつれて、農業以外の収入の道が大きく開けたものの、農業を捨てて、完全に他の生業に特化した家は、意外とごくわずかである。たとえ他の生業に従事したとしても、農業は依然として続けるという「兼業」が多かった。

土地の所有権

江戸期に土地所有とは関係のない家計収入が増加していったとはいえ、土地は百姓の財産（家産）の中心であることに変わりはなかった。土地を中心に家が成り立っていたので、土地と家の関係は重要であり、なかでも「相続」の問題が中心であった。江戸中期ごろにそれまでの分割相続から単独相続へ移行したために、家長は所有地を勝手に子供に分割相続し、売却や譲渡はできなくなった。江戸前期までは農地拡大期にあり、分割相続をしても家産を維持していくことが可能であった。しかし江戸中期に農地拡大は止まり、限られた土地（家産）を、いかに有効利用していくかが、大きな問題となった。つまり単独相続をして土地を有効利用することが重視されていく。これを守らないものは「田分け」とよばれた。

所有地は一括して跡継ぎの子に伝える責任が、各家に生まれる。この過程で「家を継ぐ」という観念が発生した。そしてほぼ同時期に土地を有効利用するという意味で「勤労」「倹約」という観念が発生し、その後、この観念は「道徳」となり、わが国では美徳とされるようになる。もちろん美徳の定着には、江戸期を通じてこの道徳が全体的な生産力を高めることに貢献したことが背景にある。しかしながら美徳の定着はあったものの、生産力が高まったという確たる証拠はない。各大名の石高の推移が参考になるが、文書に残る数字が実態を反映しているかどうかは定かでない。各大名の石高については、江戸初期には名目高と実収高とは一致していたが、それは徐々に乖離し、幕末期には実収高の方が、はるかに高い状態となった。これは言い換えれば、各村は経済的には、一般的にイメージされるよりも、かなり恵まれた状態にあったと推測できる。つまり村は一概に貧困状態にあったというわけではない。

そして土地に関して、各家ができるだけ手放すことがないように、村の慣行が維持された。この場合、土地というのは、農地だけでなく屋敷地や墓所なども含んでいた。したがって土地は生産基盤であるだけでなく、生活基盤にも大きく関わっていた。この土地をもし一時的にでも手放さざるをえなくなった場合に、後日、取り戻すための独自の慣行が、村には存在した。尊徳の青少年期における家再興は、この慣行に依拠していたと考えられる。それは「無年季的質地請戻し慣行《むねんきてきしっち》」とよばれる。無年季的質地請戻し慣行は、質地（借金の担保として質入れした土地）を対象にした慣行である。現在の一般的な契約関係においては、期限内に請け戻せなければ、土地に限らず、担保物件の所有権は移転してしまう。しかし江戸期には、期限が来ても請け戻せず、質流れになった土地でも、それから何年経っても、元金を返済しさえすれば請け戻せるという慣行が広く存在していた。

この慣行は決して契約関係が緩かったということを意味するものではない。中下層の百姓の場合には、経営が不安定であり、土地を質入れして借金の必要に迫られることが多々あった。そして期限内に返済できないということも頻繁にあった。これによって没落の危機に瀕する場合もあったので、それを防止するために、元金さえ返済すれば、利子を付けることなく、いつでも土地を取り戻せるという慣行が存在した。また土地の売渡し代金を売主が買主に払えば、いつでも請け戻せる「有合《ありあわ》せ売渡し慣行」のある地域もあった。

この慣行によって、主に金を貸し付けた上層百姓は、担保の土地が質流れになったとしても、完全に自分の所有地になるわけではなかった。また買い取った土地でも、完全に所有権が移ったわけではない。土地を手放した百姓には、それを無期限に請け戻せる機会があったので、土地の所有権は、その移転がいつ起こるかわからないという不安定なものであった。このような状況下では、貸し付けた側の上層百姓も、自らの経営が安定しているとは言い難かった。その一方でこの慣行は、やむをえない事情（災害、病気など）で土地を手放さざるをえなかった人の救済策という意味もあった。村内における経済的弱者を助け、貧富の格差拡大を抑止するという視点でみれば、契約内容の厳格な実施よりも、格段に優れた方法であったといえる。

『報徳記』に登場する尊徳の場合も、やむをえない事情から土地を手放し、短期間で家再興を果たした背景には、このような慣行（あるいは類似の慣行）があったと考えられる。尊徳の青少年期の家再興の過程については、一七九一年の南関東の暴風雨により各地に被害が発生したが、小田原では酒匂川が氾濫し、尊徳（五歳）の家も田畑の多くが被害にあう。このとき、尊徳の生家の耕地は二町三反余であった。それから一〇年あまりの間に、両親を失い、耕地も七反五畝余に減少する。この耕地も一八〇二年の大洪水で流失してしまう（尊徳一六歳）。兄弟三人の一家は離散となる。

しかし一八〇六年に三両二分で九畝一〇歩の下々田を請け戻し、尊徳は生家に戻る。

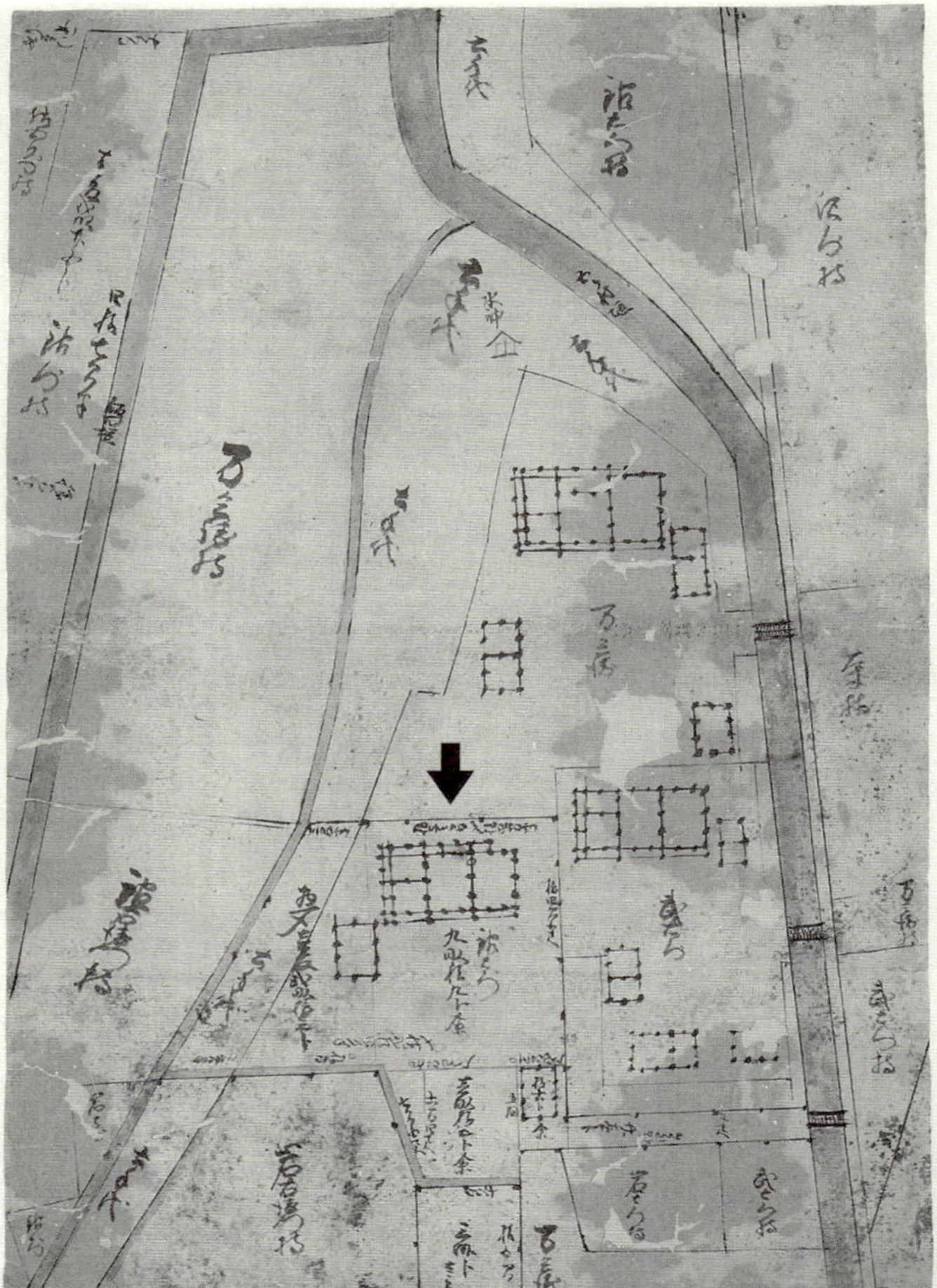

図４　尊徳生家周辺屋敷地測量図
図の中央，矢印で示した所が尊徳の生家。
提供：報徳博物館。

戻ったとはいえ、これだけの耕地では生計が成り立たないので、米の貸し付け、耕地の起き返し（洪水などによる被害を受けた耕地の再生）、金銭の貸借などによって、生計を維持する。そして一八〇九年には二反八畝余を買い入れ、さらに一八一一年には三反三畝弱を買い戻して、所持地は総計一町四反五畝余となる。この再興は尊徳の力耕や貸し付けの才覚もさることながら、その背後にある村の慣行の存在を無視できないであろう。とくに一〇年足らずという短期間で尊徳は家再興を果たしているので、村内の慣行の果たす役割は重要であったと考えられる。

幕末期における村の土地管理は、個々の百姓の経済活動の障害となったのではなく、むしろ村による調整機能の発揮によって、商品生産の展開に寄与した。もっともこの調整機能は、契約文書の文言よりも慣行が優先されるものであったので、契約の絶対性が貫かれないという側面を持った。結局、慣行が重視されることによって、所持（所有）主体の多くは、家や村のような集団となり、個人的所有権は相対的に弱かった。これに対して近代的土地所有権の実現（明治期の地租改正）は、村内の土地をめぐる有機的な結びつきを切断し、従来の個別所持地の持っていた共同地的性格を否定することになる。尊徳の土地所有観（第5節）はどちらかというと近代的土地所有権の萌芽となるものであったが、村の調整機能を崩そうとするものではなかった。むしろ尊徳の農村復興仕法は、従来の調整機能を制度化する試みであったといえる。

村における「公」

村における慣行が機能したのは、領主（幕府や大名）が慣行を保証していたわけではなく、「村掟」や「取り決め」（村人の生産活動や生活秩序の維持を目的に、自主的に定めた共同体の決めごと）によって、慣行の有効性が保証されていたからであった。しかしながら実際に慣行が機能するとなると、当事者間では困難な問題が生ずる。それは慣行が実際に有効性を発揮する期間が厳密に決まっていないことに加えて、上層百姓の経営が安定しないという「不確実性」を抱え込まなければならなかったためである。そこで慣行の存在という共通認識以外に、何らかの強制力が必要とされる。しかし村外から強制力が加えられるのであれば、慣行の本来の意義を損なってしまう。そこで必要とされたのが、村掟や取り決めである。

村掟や取り決めは、上層百姓が恣意的に作成することはできない。村内の百姓として認知された構成員全員で決められる。しかも村掟や取り決めは固定的なものとしてではなく、変更せざるをえない場合もあった。村の歴史的変遷に応じて、変容を迫られたからである。とくに幕末期になると、村を取り巻く経済社会状況が変化し、経営の多角化や他の生業への従事などによって、家や村の状況が変わる。それまでの村掟や取り決めが、空文化する恐れも十分にあった。幕末期の経済社会変動によって生ずる経済的弱者の救済および貧富の格差拡大の抑止は、村が対応にあたらなければならなかった。場合によっては貧しい百姓に対して、村があたかも一種の法人格を持っているかのように、貸借関係を結ぶこともあった。実際には名主などの村役人が村を代表して、貸借などの契約を行った。報徳結社は、こういった脈絡のなかで生じた農村復興策の一つであったと考えられる。

非常事態（たとえば飢饉や災害など）が起こり、村全体で対策を講じる必要がある場合には、村役人の土地を担保にして、一括して借金をし、その金銭を百姓に分配し、それで年貢を納めるという場合もあった。とくに尊徳の生まれた天明年間は、江戸期を通じてもっとも災害が頻発した時期であり、大飢饉が発生し、各地で騒動が生じた時期である。幕府は種々の禁令を布達している。禁令の中心は倹約令であったが、もちろんこれは農村一般が非常事態に対応できるほど富裕になっていたというわけではない。貨幣経済の発達によって、百姓の間で商品流通が活発化し、貧富の格差が目立っていたということにほかならない。これに対して尊徳は「分度《ぶんど》」（自己の分限や収入に応じて支出に一定の限度を設け、その範囲内で生活し、余剰を残すこと）を領主と百姓の双方に求め、その余剰を事態の対策費にまわした。本来であれば、公的権力が事態の収拾にあたるべきところを、尊徳という「公」的主体が、その役割を果たした。

このように村や尊徳は、幕府や領主と並んで、「公」的性格を持った。しかしこれは現在でいう「官」ではない。官としての幕府は、たとえば土地については、すでに一六四三年に「田畑永代売買禁止令」を出し、富農への土地集中と小農（本百姓）の没落をくい止めようとした。とくにこれは寛永の飢饉による小農の没落を防止しようとしたものであった。しかしながら強制的な手段によっては、小農の没落を防止することはできなかった。もっともこの場合の小農の没落は、幕府の視点からのそれであって、小農の生計が成り立たなくなったわけではない。前述のように農業以外の生業で生計を維持していたと考えられる。しかし田畑永代売買禁止令は一八七二年まで約二三〇年間にわたって存続し、形骸化していたにもかかわらず、官の基本方針としての特徴を持ち続けた。

尊徳は村の復興過程で、この官としての方針を貫こうとしたわけではない。そうだからといって個や「私」にとらわれていない。この点で「公共」といえるが、そこに幕府や領主（現在では政府）といった機関および権力は関与していない。復興のために幕府や領主から資金提供のあった場合もあるが、この場合でも少なくとも意思決定には関与させない。ただし村の「公」は、村人に限らず万人に開かれた公共性を意味するものではない。この意味で限定的な公共性といえる。とくに村の「公」は二つの問題を内包していた。一つは村外に対する閉鎖性と排他性である。もう一つは村内における差別や序列化である。たとえば女性・傍系親族・水呑に対する差別・序列化などがあった。これは言い換えれば、村における共同性の限界である。尊徳は数々の農村復興に着手するが、障害となったのは、この共同性の限界の問題であった。

したがって共同性の限界を超えて、万人に開かれた公共性の実現のためには、閉鎖性と排他性および差別や序列化など、克服すべき課題を抱えている。しかし近代においても、これらの課題は、共同性と表裏一体の関係で表れたので、払拭することが困難であった。たとえば個と個の関係において、「合力」を受ける側に「恥」の感覚が出るのは、明治期以降である。逆に合力を受けることが恥とならなかった江戸期においては、個と個の間には階層や序列が存在し、お互いが対等ではなかった。

一般的に強固な共同性は、構成員の対面性に依拠していた。江戸期の「合力米」や「合力金」などの支援や援助にあたる行為は、対面性に基づいて行われることが多かった。対面性は容易に行動を起こしやすいという面がある一方で、その後に差別や序列化が発生する可能性を秘めていた。逆に現在の義援金などには対面性のないことが多く、情報のないところからは、義援金が集まらないけれども、差別や序列化の発生はほとんどないといえる。

3　家の存続

永続性の重視

わが国の家の世代継承は、一子の単独相続による父子相伝を基本線として、その連続的な継承（永続性）を重視している。これが日本独自の伝統的な家族・親族制度を生み出す要因となる。とくに江戸期以降、このような家形態がみられるようになり、明治期になっても基本的にそれが継続された。このような家族・親族制度が定着することによって、自己という存在を、先祖から子孫への時間的流れのなかに位置づけ、そこに家を守り発展させていく責任主体としての自覚が生まれた。あるいは家の存在が無意識に構成員の行動に反映されるようになる。こうして家名・家産・家業と祖先祭祀権が一体のものととらえられるようになる。

民俗学の柳田國男（一八七五～一九六二、以下は柳田）は、一九四五年に著書『先祖の話』を書いた。そのなかで人は死ねば、子孫の供養を受けて祖霊になり、正月や盆などの時期を限定して、その家に招かれると記している。人は生きている者だけでなく、子孫の幸福を願って訪れる祖霊と交歓する。柳田がこのような死生観を表現した背景には、家の存続と戦死者の供養に対する強い危機感があったと考えられる。柳田の教えを受けた山口弥一郎（一九〇二～二〇〇〇）は、一九四三年に『津浪と村』（恒春閣書房）を発刊する。この著書によれば、津波によって一家が全滅した場合でも、関係者に位牌を継がせて、家を断絶させなかったという。戦争や震災においても、その後の復興の基礎には、家の存続という考えが脈々と受け継がれていった。

存続を重視する家の特質には、主に四つの点が考えられる。すなわち①相続と家長、②異姓不養の無規制、③分家と同族団、④祖先崇拝である。これらの特質は、農業を生業とする家に限られたことでは必ずしもなく、他の生業に従事する家にもみられる。前述のように、幕末期には村内には他の生業を行っていた百姓も多く、たとえば商業を生業とする家、つまり商家なども含まれていた。

相続と家長

①の相続の形態については、江戸前期ごろまでは、一般的に村は分割相続社会であったとされる。江戸中期（一七世紀後半から一八世紀）に、「家」の成立とともに単独相続に移行していった。もっとも尊徳が農村復興仕法で関係を持った東北地方では、これより一世紀ほど遅れていた。単独相続においては、家の継承人である跡継ぎの多くは長男とされ、その長男が動産や不動産など、すべての家産を相続した。家制度では、家長の地位と家産が跡継ぎによって独占的に継承された。家は家業や家名とともに、独占的に継承されることによって、子々孫々にいたるまで受け継がなければならないと考えられるようになる。

そして家は家長にとって父祖から受け継いだものであり、それを子々孫々に受け継がなければならないものとされた。そのために家長は永続性を有している家を一時的に預かっている存在であると考えられた。したがって家長個人の意思で、家産を自由に処分できなかった。家長は世代にまたがる輪番と位置づけられ、次世代に渡すまでの当番にすぎないものとされる。たとえば尊徳の父親が自分の薬代を工面するために田畑を売ろうとして、地元の医師にたしなめられている（『報徳記』）。これは当時の家長の役割が輪番にすぎないものであったことを如実に物語っている。

異姓不養の無規制

②は異姓不養の規制がないことである。つまり家を継承するにあたって、血のつながりにこだわらないという意味である。経営体として家をとらえる議論は数多くあるが、その特徴点は、非血縁者でも跡継ぎにできるという柔軟性が、経営体を安定的に存続させたというものである。これが日本の組織原理の基調をなしたという議論も多くみられる。

さらに家の継承と血縁関係という点で興味深いのは、親の隠居後の処遇である。これは場合によっては「介護」の問題も関わる。隠居の態様は、分家をするかどうかで分かれる。すなわち同居隠居の場合と非同居隠居の場合について、屋敷内の別宅か、屋敷外に隠居家を建てるということである。いずれにしても老後の住生活については必ずしも明らかになっていないものの、総じて隠居生活には十分な空間が確保されていたようである。

一般的に子のいない老人は、親族で引き取るべきであるとされ、さらに親族も見当たらなければ、村で世話をしなければならないとされた。実際に世話を引き受けたのは「五人組」である。これらは公的扶養というよりも、私的扶養といえるものである。幕府による公的扶養はほとんど期待できないものであり、子や親族による私的扶養が頼りとなった。しかしこの私的扶養もあてにならない。つまり自分の老後は自分で始末することがもっとも確実な方法であった。この場合の高齢者の自衛策ともいえるものは、跡継ぎとの契約によって、老後の保障を取り付けることであった。

この契約文書の具体的な形態として、たとえば隠居に際して、一定面積の土地を留保する「隠居免（面）証文」がある。これはほぼ全国的な慣行となっていた。隠居免は婿養子縁組証文などに記されることもあり、所有田畑の一割から三割以下という程度とされた。したがって婿選びは隠居の「自活」と密接に結びついていたので、慎重に行われた。養子縁組契約が婚姻契約に優先したことはもちろんであるが、不幸にも親子あるいは夫婦関係が破綻した場合に、他日の紛争（離縁）に対して、あらかじめ財産・金品を分与することが特約されていた。もっともこの特約は離縁の回避が意図されていたので、「不離縁の担保」という意味を持った。実際にこの特約が紛争の解決に役立っていたようである。

尊徳の場合、三三歳の時に自ら離縁の経験を持っている。その背景はともかくとして、少なくとも不離縁の担保が機能しなかった。扶養義務のある親がすでに亡くなっていたことが、その要因かもしれない。しかし修身の教科書（明治期）に尊徳が登場したときの最初の項目は、勤労倹約ではなく「孝行」であった（拙稿「つくられた二宮尊徳――模範的人物像の流布について」吉田光邦編『一九世紀日本の情報と社会変動』）。江戸期の孝行とは、子（子孫も含む）が自己を犠牲にして親（父母・祖父母、先祖）を扶養介護することを意味した。実際の尊徳は少年期に両親を亡くし、扶養介護の経験を持たなかった。家における「忠孝」の場合、根本的に家長個人に対するものではなく、先祖代々継承されてきた家に対するものであったといえるであろう。

ところで尊徳の離縁は、江戸期において例外的な出来事とはいえない。江戸期の離婚率は今日と比べても高かったことが明らかとなっている。歴史人口学の統計によると、妻の出産可能年齢の上限（四五歳ないし五〇歳）まで、結婚の継続した完結家族は半数に満たない。結婚後五年以内の離婚がもっとも多かった。ちなみに尊徳は三年である。もっとも尊徳も再婚しているように、非完結家族の五六パーセントは再婚している。離婚の多さと表裏をなして、家の存続の必要性から再婚も多く、そのために逆に離婚を容易にしたこともあったようである。さらに江戸期には離婚女性を疵物視する観念は弱く、再婚の障害とはなっていない。

老後の隠居に関しては、隠居契約文書には隠居免のほかに、金銭や現物の給付を規定した文書がある。これによって土地を留保するかわりに、相続と対価的関係に立つ扶養義務が明確となる。しかも扶養義務の内容があいまいとならずに定量化される。家産の継承にともなう扶養義務ということであり、それを文書にしたということであった。文書に残して、それの実体化を確保するという観念は、江戸期にかなり普及した。この場合に「文字」(読み書き)が必要であったことは言うまでもない。尊徳は隠居契約文書と無縁であったとはいえ、幼少期から読み書きにこだわった背景には、この辺りにも一因があるであろう。契約の不履行に対しては、訴訟で対抗したようであり、隠居契約文書は自らの老後は自ら始末しようとする意志が反映されたものであったといえる。

分家と同族団

③について、家産は不分割が原則であり、分家の場合は相応の財産分与が行われた。ただし本家・分家ともに、分家した後の存続という点が重視されたので、分家は慎重に行われた。財産分与とは田をもらうことであり、それが分家としての独立資金となった。尊徳の場合には、まさに本家が関与することによって、分家である尊徳の実家が再興する資金となった。

本家・分家の系譜的な枝分かれ(本末関係)から、同族団が形成される。同族団は一般的に村内に形成され、村外に拡大していくことはなかった。その一方で同族団内では各々の家の階層構造が形成される。同族団内では、江戸前期までは「百姓」身分の分家であっても、本家とは上下関係にあった。公儀との関係で、検地で石高を付された土地を所持し、年貢・諸役上納の義務を負うかぎり百姓身分であったものの、村内では同族団の総本家や有力分家が「長《おとな》（乙名）百姓」「年寄百姓」といった特権的身分階層を形成し、他の分家百姓は「平百姓」「小百姓」「脇百姓」と称していた。具体的な特権としては、総本家や有力分家が刈敷肥料や牛馬飼料用草の採取地である山野や、水の管理・用益権、村政の運営権、氏神（鎮守）の祭祀権などを独占していた。しかし地域的な差異はあるものの、一七世紀後半から一八世紀にかけて百姓の経済的自立や諸権利の獲得によって、身分階層構造は徐々に崩れていった。

江戸中期以降、分家をあまり出さなくなり、跡継ぎ以外の子女は他家に嫁や養子として遣わすのが一般的になる。そうなると本家・分家関係によって構成される同族団よりも、婚姻関係によって形成される親類の方が、社会生活を営むうえで重要な共同機能を果たすことになる。両親の没後、尊徳の弟が預けられた先は、母方の親類であった。これが物語っているように、婚姻関係による親類が共同性を発揮する。もっとも村の結合形態は地域によって異なり、東日本では同族結合が強く、西日本では地縁結合が強いとされる。

祖先崇拝

家の成立とともに、④祖先崇拝が形成された。これは寺院の建立や農民の墓の創設に現れる。寺院の過去帳に関しては、その記帳は一七世紀中ごろに始まり、一七世紀末から一八世紀前半にかけて急増する。この祖先崇拝は母屋や屋敷地と結びつくことによって、たんなる居住空間ではなく、それに対する特別な思いを醸成する特別な空間となる。家の相伝財産のなかでも、屋敷地は特別視される存在となる。この母屋や屋敷地を継承することは、位牌の継承とともに、家督相続にとって重要な意味をもった。先祖の霊に見守られながら、家族が百姓仕事に精を出し、家を存続させ、死後は先祖として子孫に祀られ、子々孫々の生業を見守っていく。そういった人生観や死生観が百姓の間に広く形成されていく。

村内の「つきあい」でもっとも重要なのは死者の処理である。村内にいくつかの組が作られるが、それは葬《とむら》い講などとよばれた。村内に宗旨の異なる寺が二つある場合には、葬い講とは別に、宗旨によって講が組まれた。たとえば真宗ならば尼講、浄土宗ならば念仏講、禅宗ならば観音講、真言宗ならば大師講などである。また村の連続性を保つという点で、その精神的な統合を支えたのは、村の氏神祭祀であった。この氏神祭祀には「惣百姓」(すべての百姓の家長)が必ず参加した。

「講」は尊徳の人生においても大きな意味を持った。尊徳は家再興の直前である一八一一年の二四歳の時に、江戸、伊勢、京都、大坂、金毘羅を巡拝し、その約一〇年後の桜町領復興に着手する直前、三五歳のときの一八二二年に、伊勢、高野山を参拝している。これらの参拝資金はどこから調達できたのであろうか。沿道の「施行」も多かったと考えられるが、その原資の出所は講であったと考えられる。とくに一八一一年の巡拝は、自家の再興途上にあり、資金的な余裕がなかったはずである。尊徳は百姓（村の構成員）として認められた後、村の組織であった講に助けられ、巡拝を果たすことができた。尊徳は一八二一年に服部家の仕法に際して「五常講」を作っているが、これは講に関する自らの体験に基づくものであったといえる。

ところで家の永続性を保つことが、農村の大きな特徴であると強調したのは柳田であった。柳田は「田舎対都会の問題」という議論のなかで、「忘れられたる重要なる論点」があるとして、以下のように語る。柳田は、

それは家の永続と云う問題であります。都会に住むと祖先子孫といふ思想が微弱になって、家といふものの存在が屡々《しばしば》軽く視られる、六《む》つかしくいへば、個人の意思ばか

り烈しく現はされて、家の生活が基底に没却せられます。（中略）ドミシード即ち家を殺すことは、仮令《たとい》現在の家族に一人の反対が無くとも、生れぬ子孫の事を考へれば自殺ではありませぬ、他殺であります。自分の子を殺しても同じく殺人罪であるのに、子孫をして生きながら永久に系図の自覚を喪失せしむるのは、罪悪ではありますまいか。（中略）而も今日は永住の地を大都会に移すのは十中八、九迄ドミシード即ち家殺しの結果に陥るのであります。

（『時代ト農政』）

と語っている。ドミシード、家殺し、他殺、殺人罪など、厳しい言葉を使って家の衰退を非難する。非難を通じて、百姓のなかに家存続の強烈な願望があったことを強調する。さらに家存続の願望の要因を、祖霊信仰に見出している。柳田は著書『明治大正史世相篇』のなかで、「死んで自分の血を分けた者から祭られねば、死後の幸福は得られないという考え方が、いつの昔からともなくわれわれの親たちに抱かれていた。家の永続を希う心も、いつかは行かねばならぬあの世の平和のために、これが何よりも必要であったからである。これは一つの種族の無言の約束であって、多くの場合祭ってくれるのは子孫であったから、子孫が祭ってくれることを必然と考え、それを望みえない霊魂が淋しかったのであろう」と語る。人々は死後に祖霊として子孫に祀られることが、最大の幸福であると考えていた。この祖霊信仰によって家の存続が裏づけられると考えていた。

柳田は百姓仕事の辛苦と忍耐の報償として、家存続の保障があったとする。具体的には食物の最小限度の供給保障とともに、精神面では記憶の保存をあげる。この背景となるのは、「土地との結合から来るもので、村民は上下を問はず、耕地があって始めて名が有った。親代々の通称を相続することも、他の土地に移ってしまえば、無意味であつた。祖先を祭り又子孫に祀られる国風としては、盆と彼岸とに家の者が、自分を祭ってくれると云う確信が無いと、楽々とは老い又死ねなかった」（『日本農民史』）というものであった。家が存続することによって、子孫が盆と彼岸に自分を祀ってくれるという精神面での確信が生まれる。それと同時に家の存続は土地との強い結びつきをともなっていた。

近代以降の家の連続性

わが国の農家の場合、幕末期（一八四〇年ごろ）から戦後高度成長期（一九七〇年ごろ）までの約一三〇年間で、個々の家の事情や経済社会変動のなかで、約二割程度の変動がみられる（梅村又次編『長期経済統計九　農林業』東洋経済新報社）。しかし多くの家が系譜的に継続している。約一三〇年間の年数を経るなかで、戸数の変動が比較的小さいことは、わが国の大きな特徴である。これは家が持っていた根本的な特徴に依拠している。農家戸数の安定性は、農村労働力のプッシュ要因となり、その一方で商工業の発展によるプル要因となった。これは歴史的には労働生産性の向上につながっていく。しかし農村労働力の多くが、商工業における企業に流入したというわけではなかった。その多くは都市の零細自営業者となった。つまり江戸期から続く生業に従事したといえる。

農家ないし自営業者には、経営と家計の未分化による「自己雇用」「自家消費」「窮迫販売」という、他の経済主体や組織にはみられない特徴がある。この特徴によって農家ないし自営業者は、日本経済の安定化に大きな貢献をした。たとえば、自己雇用は経済不況期の失業率上昇を抑える役割を果たした。自家消費も自己雇用と大きく関わっている。「窮迫販売」は実質賃金を抑えることに貢献し、景気回復に大きな役割を果たした。いずれも景気の変動を和らげる「クッション」のような働きをしたのである（丸山義皓・並松信久「農業の経済組織」青木昌彦編『経済体制論第一巻　経済学的基礎』東洋経済新報社）。

その一方で農業経営にとって重要であったのは、家制度によってその連続性が保証された点である。単独相続であったために、親世代までの農業経営をそのまま引き継ぐことが可能となった。分割相続であれば、単独相続のように農業経営の連続性を保つことは困難であり、農業経営の不連続性が生じることになった可能性がある。連続性に注目して主な特徴をあげると、四つの点があげられる。すなわち①家産の継承、②知的な資源の継承、③長期的な農業投資、④道徳の実践である。

① 家産の継承

親世代までの農地や山林（家産）をそのまま継承できたことである。小作地もそのまま受け継がれることが多かった。これは日本ばかりではなく、イギリスの「囲い込み」前後にもみられる傾向である。囲い込みで一旦、追い出された借地農は、その後、また同一の土地で農業に従事している。つまり地主にとって囲い込みを実施する意味は、大規模経営を生み出すことではなく、借地農と借地契約を結び直すという意味をもっていた。地主の方は地代をあげるという目的をもつと同時に、所領（地主貴族）の継続性を保つという目的を持った（拙稿「一八～一九世紀イギリスにおける『土地管理』の形成――農業革命論の再検討を通して」『京都産業大学論集社会科学系列』第二四号）。いずれにしても家の存続が重要な意味を持った。

② 知的な資源の継承

親世代までに獲得し蓄積されてきた農業技術や生活技術などの地域の知的な資源が、次世代になんら価値を減少させることなく、そのまま継承されていった。家の存続によって農業経営は連続的となり、世代交代による継承も比較的円滑に進めることができた。この点で長男単独相続という形態は、継承や連続性に適合的かつ合理的な形態であった。

③ 長期的な農業投資

農地を含めた家産が分割されることなく継承されることが保証されていたために、新技術の採用や土地改良投資などの長期的な農業投資が可能となった。将来が見通せない状況では、投下資本の回収が不安定であり、長期的な投資にとって制約となってしまう。長期的な農業投資が可能となるのは、家の継承に多くを負っている。そしてもし家の存続が危ぶまれる場合には、前述のように村内の共同性が機能して、家の存続を支えた。

④　道徳の実践

家の永続的繁栄の願いは、親世代までの地域資源を、次世代にたんに引き継ぐというだけでなく、その地域資源の付加価値を少しでも高めて引き継ごうという意識が働くことにつながる。たとえば、その意識は農地管理や灌漑排水の整備を入念に実施するという行動となって現れた。この行動は総体的には「勤労」の実践へと結びつく。つまり勤労の目的は、家の存続という脈絡において、少しでもそれに付加価値をつけることにあった。

わが国における勤労道徳の形成は、一七二〇年ごろと考えられている。一七世紀（江戸前期）は耕地拡大期にあったため、労働投入に比して生産物の獲得は多かった、つまり労働生産性は高かったと考えられる。しかし一八世紀になって耕地拡大は終わりを告げ、限られた耕地で、できるだけ多くの生産物を獲得しようとする意識が高まる。つまり勤労が土地生産性を高め、家の存続を保つ重要な手段となる。勤労に限らず、江戸中後期から倹約・正直・孝行・謙譲・献身・忍耐などの日常的な道徳が、百姓の生産と生活に根づいていった。百姓はこのような道徳の実践を通して、自己規律と自己鍛錬を行っていた。これを支えたのが、家の永続的な繁栄と没落の回避への強烈な願望であった。

4　村の持続性

地域資源の活用

尊徳をはじめとする幕末期の百姓を取り巻く社会的環境として、村の特質について考える。現在に通ずる村の形成期は、地域によって異なる。たとえば、主に生産性の高い近畿地方では一七世紀中後期以降とされ、生産性の低い東北地方では一八世紀以降とされる。前述のように耕地拡大期が終わり、単独相続がみられる時期とおおよそ符合する。耕地拡大期が終わって生産力を維持あるいは向上させていくには、「地域資源」の有効利用が課題となった。そのなかでも「土地」と「水」の利用がもっとも重要なものであった。地域資源の利用は基本的に村の形成や運営の論理に基づいている。それは村人が百姓身分として「公儀」に対して、年貢と諸役を負担している限り、村内での地位と権利は同等であるという論理であった。この論理にしたがってさまざまな「制度」が生み出される。たとえば「村中入会」（土地）、「番水」（水）の制度である。

地域資源の有効利用は、村内の生産・生活条件整備のための共同作業（村役）、土地所持に対する村の保障と規制、村単位の氏神（鎮守）の創出と祭祀などにまで及ぶものであった。地域資源の利用およびその分配が、村内において公平性や平等性を保ちながら、合理的に実施されていた。宮本によれば、昭和期になっても共同作業（道の修理や家の屋根の葺きかえなど）は、一年のうち一五〇日ぐらいを占めていたといわれる（『民俗のふるさと』）。尊徳による農村復興仕法の対象の一つとなった青木村（常陸）では、尊徳がまず村全体で萱の刈り取りを命じ、その萱で全戸の屋根の葺きかえを命じている。萱は尊徳が買い取り、萱を刈り取った荒地は、村が共同で開墾にあたっている。共同作業を通じて復興にあたった代表的な仕法である（『二宮尊徳全集』第二二巻）。

地域資源利用の制度を、実際に運営する村内での役割分担が生まれる。「村方三役制」の成立である。三役には、名主と組頭以外に監視役としての「百姓代」が含まれる。監視役という役割を自らの村に置くというのは、村が自律性をもった組織であることを示している。しかも地域差があるものの、名主と組頭は世襲制ではなく、百姓全員の談合あるいは入札による公選制によって決める。一般的に代表の選出は、構成員の意思を反映するのが当然であるが、それと同時に、選出には自己判断やチェック機能が求められるものである。つまり両方の側面をどのようにバランスをとるのかが重要な点となっていた。この点で名主と組頭の選出方法と百姓代の設置は、組織代表の決定方法としては、理想的ともいえる形態であったといえる。

百姓たちの学び

年貢と諸役の割付は、百姓全員の立ち会いのもとで行われた。村の算用帳簿も公開が原則である。つまり生産・生活の多くの面で「公開性」が高かった。しかし公開といっても、公開された情報を理解できる能力が、百姓の側に必要である。そうでないと公開の意味は失われる。つまり算用帳簿などの公開は、百姓の識字率の高さが前提となってはじめて意味を持つものとなる。尊徳が少年期に勉学に励む姿は、近代の銅像によって、つとに有名であるが、村の構成員である百姓となるには、「読み書きそろばん」の能力は必ず身につけるべきことであった。つまり百姓になるには「読み書きそろばん」の能力は必須であった。

算用帳簿の公開は、藩全体からみれば、これによって藩内の貢納の不正を糺《ただ》すことにも効果があった。さらに各村間で不公平がないかどうかも明確となる。一八二〇年に小田原藩主の大久保忠真は領民から出た意見について、尊徳にその感想を尋ねている。尊徳はその求めに応じて斗枡の改正を建議している。小田原藩領では一八種類の枡が使用されていたために、領民が貢納時に不利になっていたという。尊徳はその弊害を除去するために、斗枡の統一改良を建議した。枡を統一する要求は以前から出されていたようであるが、尊徳の建議によって、ようやく実現をみることになった。

百姓にとって算用帳簿だけでなく、村共通の観念や社会生活の仕方を学ぶことが必要であった。「学び」は特定の教育の場が提供されるわけではなく、日常の実践を通して習得することであった。実践を通して村内での生き方を一つの型として身につけることを意味した。一般的にこれは「躾」とよばれている。村を前提とする特有の方法である。そしてその一つが文字の学びであったことは言うまでもない。尊徳の「道徳」が、近代を通じて日本社会に矛盾なく受容された背景には、このような脈絡があったと考えられる。

一七世紀末頃から商品貨幣経済の浸透にともない、農家経営が商業的色彩を帯びるようになると、金銭の貸借や田畑の質入れや売買が盛んになった。その際に「証文」が取り交わされる。小作契約や奉公契約も証文によってなされる。社会的経済的行為が文書を介在して行われる場合、「読み書きそろばん」ができないと、不利益を被ることになる。百姓は自らの利益あるいは権利を守るために、その習得に励むようになった。寺子屋教育は、「読み書きそろばん」能力の必要性の高まりに応じた、村の新たな教育機能の発現形態であった。

柳田は著書『日本農民史』のなかで、このような「学び」に裏づけられた村およびその慣行や慣習について、「此の如き幾多の連帯責任を負う村民等が、互いに平等の行為に干渉しようとしたのは、必要であり又当然であつたとも謂へる。害虫雑草の駆除の如き、井手作道路の改修の如き、たつた一二人の怠慢の為に、全体の共同が無効になるような危険は、予めの訓練を以て之を避けねばならなかつた。それを多くの法治国の如く、必ず立法を以て為し遂ぐべしとする代りに、日本の農村では古風な慣習を以て目的を達したのである」と記している。柳田によれば、連帯責任を負う村は、リスクを避けるために古風な慣習によって協調する行動をとっていた。

協調行動はそれを維持するために、相互規制や制裁を必要とする。柳田はさらに続けて「旧一村の大字を、或いは区と呼ぶ地方もある。区は町村制では財産を有する場合のみ、法人同様の取扱いを受けて居るのだが、共有財産の有無とは関係なしに、部落の連帯は単に物質上のみで無く、尚無形の生活にも及んで居た。所謂郷党のよしみは一つの法則であつたと共に、気に入らぬ住民に向つては又ハチブの制度が行はれる」と記している。「郷党のよしみ」という相互の規制や監視のもとで、生産・生活が営まれ、村人はこれを前提にして日常行動をとらなければならなかった。そしてこの意思決定は村の「寄合い」で下され、寄合いが執行力となった。

村の運営や継続性を支えた構造は複雑に組み立てられているが、その機能ないし意識ごとに特徴をあげると、主に四つの点が考えられる。すなわち①自治的自律的機能、②家の維持機能、③土地の総有的意識、④村境意識である。

自治的自律的機能

村は強い自治的ないし自律的機能を持っていた。これは江戸期に確立された年貢の村請制や村入用の徴収、村掟の制定、村寄合いなど行政・財政・司法に関わる権限が、大幅に村方に任されていたという体制に基づく。この自治的ないし自律的機能を発揮するために、村内において合意形成の構造が作られた。この構造はかなり強固に構築されたために、その構成員である百姓にとって厳しい自治運営が求められた。しかし各地域で形態が少しずつ異なっていたとはいえ、この構造は決して構成員の階層に依存して組み立てられたものでなく、構成員すべての合意を得たうえで作られたものであった。その際、構成員全体の協調行動が何よりも重視された。つまり村内では「和」がもっとも重視され、これを乱す行為は自治機能や自律機能を失う要因になるとして排斥される。そしていわゆる村八分という行動で示された。

したがって村内では人間関係が一旦こじれると、修復がきわめて困難であった。江戸期以降は日本の多くの組織や集団において、この村の特徴を取り入れて、その形成や運営が行われた。この特徴は社会変動期あるいは経済成長期には円滑にはたらくものの、社会安定期あるいは経済停滞期には、それほど機能するものでなく、むしろ問題が発生しやすかった。つまり村内の人間関係の円滑さが失われやすかった時期もあったといえる。

村の意思決定の中心である寄合いの特徴について、宮本が著書『忘れられた日本人』のなかで指摘している。宮本は「そういう場での話しあいは今日のように論理づくめでは収拾のつかぬことになっていく場合が多かったと想像される。そういうところではたとえ話、すなわち自分たちのあるいて来、体験したことに事よせて話すのが、他人にも理解してもらいやすかったし、話す方もはなしやすかったに違いない。そして話の中にも冷却の時間をおいて、反対の意見が出れば出たで、しばらくそのままにしておき、そのうち賛成意見が出ると、また出たままにしておき、それについてみんなが考えあい、最後に最高責任者に決をとらせるのである。これならせまい村の中で毎日顔をつきあわせていても気まずい思いをすることはすくないであろう。と同時に寄りあいというものに権威のあったことがよくわかる」と語る。村の構成員すべてに疎外感を抱かせないための行届いた配慮があり、すべての者がその構成員として安住できるように計画されている。「共同体的平衡感覚とよびうるような意識、無意識の配慮」がはたらいた。

宮本が観察した村は一九五〇年代当時のそれであったが、宮本によれば「近頃はじまったものではない。村の申し合わせ記録の古いものは二百年近いまえのものもある」いうことから、江戸期の寄合いの様相を伝えたものとみてよい。尊徳が農村復興にあたって、この寄合いの様相を無視することはできなかったはずである。共同体的平衡感覚によって、ある種の「なれ合い」が停滞あるいは衰退をもたらす可能性があった反面、危機感の共有化は比較的容易であったと考えられる。尊徳が農村復興にあたって「至誠」「勤労」「分度」「推譲」の実行を説く前に、農村調査の結果、得られたさまざまなデータを駆使して説明したのは、村内の危機感の共有化を図った行為であったともいえる。

家の維持機能

村を構成する家の維持も重視された。江戸期には家が検地帳の名請人として年貢負担者となり、それとともに村請制によって、村が年貢の連帯責任を負った。したがって村にとっては、年貢の未納者が出れば、立て替えの責務が生まれるために、名請人となっている個々の家の存続が重要となる。全戸すべて没落せずに存続することが、村にとっては最大の関心事であった。各家を保つことは、村を維持し安定的に運営していくうえで必要不可欠のことであった。そのために村は家に対して生産・生活の全般にわたって関与するという体制が生み出されていった。

村が家の維持に積極的に関与したために、長期にわたって家の流動性の低さをもたらした。この結果、村内において個々の家は固定的なものとなった。変動するのは、分家や絶家などの特別な場合に限られていた。明治期以降もこの慣行は継続され、全国的に（地域ごとの増減があるものの）農家戸数は約五五〇万戸を維持し、変動は比較的小さなものであった。

この長期にわたる家の固定性は、家と家との濃密な社会関係や人間関係を生み出し、それによって村に特有な慣習や規範をもたらすことになった。村人の間での信頼関係は強固なものとなり、村人の協調性をもたらすものとなった。しかしその一方で、村人の行動を規制することにもつながった。これは言い換えれば、村による制裁や相互監視および相互規制は、村人の協調的な行動様式を保証していたともいえる。もっとも村八分などの制裁は公表されるような性質のものではなく、実際に行われたことは実証されていない。

村の規範は構成員全員に対して適用され、それによって村内の不正行為を抑止することになった。これは構成員全員が対象となっているので、村の有力者が対象外となることはなかった。また村内の分に応じた行動規範は、村内での負担を個々の経済力に応じてという意味もあるので、「平等」に負うことが求められた。これによって上層百姓はその経済力に応じて、応分の負担をした。そしてこれは上層百姓の協調行動を意味するものであり、村の一体性を高めることにつながるものとなった。

村人の協調行動は、家の固定性を保証する一方で、その家を支えている土地所有や利用に関する集団的規範を生み出していった。とくに農業生産に不可欠な土地（水も含む）の利用に関して、この集団的規範に基づく規制が加えられた。たとえば土地の売買については、村外への土地の流出を阻止する取り決めなどが作成された。村の集団的規範は、村人がお互いに了解した年貢水準を維持する機能を発揮し、これに反する年貢の引き上げ、年貢の滞納、農地を荒らすという行為を抑制する機能を持った。これらは尊徳による復興仕法の際の領主側と農民側の「分度」の設定に通ずるものであった。

尊徳の分度の設定は、一八一八年に服部家の復興計画を依頼されたことに由来する。服部家の家政整理にあたって、尊徳は収入をもとに支出額を定める。いわゆる分度を決めて、仕法の請負者という形で事を進めた（「服部家御家政御取直趣法帳」、ここで趣法とは仕法のことである）。文化文政期には、多くの旗本領で「先納」（翌年の年貢を先に納める）が実施されていたが、さらに進んで、旗本家の財政方を領内の名主などに任せてしまい、村々に責任を持たせてしまうこともあった。いわば家政の実権を村方や村役人に握られるようになってしまったところもある。しかし尊徳の場合のように、一農民に家政整理を委ねるのは、きわめて稀なことであった。

家の固定性を維持するために、はたらいた要因は他にもある。それは何らかの理由で両親を失った子供の扱い（育児）であった。江戸期には小家族化が進んだとはいえ、育児の負担が母親一身にかかったわけではない。家長の指導のもとで家族ぐるみで育児にあたり、親類や村もそれを支えた。孤児については、親類や五人組、そして村が扶養義務を負った。前述のように尊徳が両親を失い、一家離散となり、兄弟はそれぞれ同族および親類の家に預けられた。これは同族および親類が育児を支えるというメカニズムが働いた結果であるともいえる。

土地の総有的意識

土地に対しては、村の総有的関与があった。柳田は村の土地について、「本来『村の土地は村で利用する』と云う思想は、歴史上の根拠を持つて居る思想でありまして、今日の社会となりましても、暗々裡に存外大きな勢力をもつて居ります」(『時代ト農政』)と語る。村における土地所有はたんなる私有につきるものではない。村における私有の根底には、村人総体の所有ということが存在している。たとえば私的所有に属する一筆の耕地をとれば、その私有の一段下に村総体の所有関係が潜在化している。それは入会地や共有地は言うに及ばず、土地台帳上、明確に私的所有地と登記されている土地についても同様である(川本彰『むらの領域と農業』)。

村の関与は、割地制、質地請戻し慣行、他村への土地移動の防止、村借などにみられる共同体の耕地に関するものから、個々の百姓の土地所持権の制限や否定にまで及ぶものであった。これは「間接的共同所持」(渡辺尚志『近世村落の特質と展開』)と説明される。私的所有の一段下にある村総体の所有関係を前提にして、村内の土地に対して村がさまざまに関与する。この背景にあるのは農民の総有的重層的土地所有観念である。尊徳はこの所有観に基づいて、村の土地を「公」と「私」に区別し、領主の取り分(年貢)と農民の取り分を明確にするという近代的な私的土地所有に通ずる面を切り開いた。

日本の小作地率は一九二九年の四八パーセントが最大であるとされる。一八七三年の小作地率は二七パーセントと推計され、その後一八八七年に四〇パーセント、一九〇三年に四四パーセントと、明治中期に著しく上昇した（加用信文監修『都道府県農業基礎統計』）。地域差があるものの、総じていえば、日本の地主小作関係は江戸期にその基本形態ができあがり、明治前中期に急激に拡大した。小作地率がもっとも高くなった昭和初期には、耕地のほぼ半分が小作地となり、小作地を耕作している農家は多かった。全農家の約三分の二は小作地を抱える小作農ないし自小作農であった。

わが国の場合には土地なし層でも小作地を借り入れて、小作農になることが可能であった。全農家のうちの少なくとも約三割が小作農として存在し、何らかの形で耕作に関わっていたので、土地なし層はほとんど存在していなかったといえる。しかも地主小作関係は長期性と安定性を保っていた（坂根嘉弘「日本における地主小作関係の特質」『農業史研究』第三三号、一九九九年）。村内では土地所有面での不平等性を、経営面での平準化によって補完する傾向があった。村人が互いに了解している小作料水準が形成され、地主による恣意的な高い小作料の要求が抑えられた。また地主が替わることによる小作料の上昇が抑えられていた。この意味で小作農による経営は安定的であり、これが小作地の生産性を向上させる誘因ともなった。そして結果的に、村内における農家間の所得格差の平準化にも寄与していた（斎藤修『比較経済発展論』）。

地主小作関係の安定化は、小作人による日常的な土地管理につながる。もっとも、地主小作関係の長期性が小作農の土地生産性向上への誘因をもたらしたのかどうかは明らかではない。その一方で、地主小作関係の短期性は小作地の略奪的粗放的対応をもたらし、土地生産性の向上にとって障害になると考えられがちであるが、必ずしも障害とならなかった。なぜなら村ごとに何らかの対応策が講ぜられたからである。この点でイギリスでは村は有効な役割を果たすことができず、短期的な借地契約が結ばれる傾向にあった（拙稿「一八・一九世紀イギリスの所領経営と農業改良の展開」『京都産業大学国土利用開発研究所紀要』第一八号）。

小作人は一般的に複数の地主から小作地を借りていた（斎藤修「土地貸借市場としての地主小作関係」『経済史研究』第一二号）。データは少ないものの、平均的に三〜五人程度の地主から借りていたようである。これは村内の信認関係の強さが前提となって可能となった。複数の地主から小作地を借りることは、小作人にとってリスク分散につながり、小農経営の安定化に通ずる。しかも村内での土地貸借であるために、村内の土地の有効利用という面でも大いに貢献している。柳田は農業政策を推進するにあたって、「村の耕地は村に属すという旧時代の思想を復活し、村民の共同団結を以て、成るべく他村他郡県の人の手に所有を移さざるの手段を講ずるを要す」（『中農養成策』）と語っている。他村へ土地を出さないという考え方は村において根強いものがあり、村内の所有と利用が表裏一体となっていることを指摘して、それは農業政策にとって重要な点であるとしている。

村境意識

川本彰『むらの領域と農業』によれば、村の総有的土地の枠が「領ないし領域」であり、領域内の土地を「領土」とよんでいる。領域は村境によって限定されるものであるが、村境の存在は民俗学においてはよく知られたことであり、これまでしばしば研究の対象とされてきた。たとえば、虫送りや道切り、疫病送りなどの行事は、村境を強く意識したものである。村の運営、水利、共同防除、集団栽培などは、村境を強く意識して実施される。村内の資源管理は村境があることによって成立し、それは排他性を持つ反面、持続性において優れていた（秋道智彌『なわばりの文化史――海・山・川の資源と民俗社会』）。

もっとも、村を越えた範囲で生活上必要な関係が結ばれることもあり、逆に一つの村のなかに、村より小さい複数の集落が含まれ、その集落が生活上の結合の単位として大きな役割を果たしていることも少なくない。しかしながら生産に関しては年貢の納入に責任を持つ「村請」の単位となっていたので、生産面に関連する結合については村境の意識が強かった。村境意識が強いので、村と村との争いには仲裁役が必要とされる。この争いは法律や制度によって仲裁されるものではなく、生活に根ざした解決が求められる。たとえば、宮本によって紹介された事例は、このような争いのあった際に「老人はその仲裁役によく引きだされた。老人が報徳宗の信者でウソもいわず、また私腹をこやそうとする人でなかったからである」（『庶民の発見』）と説明する。尊徳思想の信奉者は、信頼がおけるという理由で、仲裁役になったと紹介している。

しかし宮本によれば、各村間では「格式」の違いが強く残っていたようである。もっとも、これはけっして貧富の差に依るものではない。格式が何に由来するかは地域によって異なるが、宮座や葬送との関係が指摘される（宮本常一『民俗のふるさと』）。通婚などは同じ格式の村同士で行われた。したがって各村間の連合は、比較的同じ格式の村同士で成立した。たとえば氏神を一つにすることによって、氏子の村々が連合する場合もあった。

以上のような村の四つの特性から信認関係の強さが生まれることになる。この信認関係こそ「社会資本（ソーシャルキャピタル）」としての役割を果たしていた。そしてこれによってわが国の小農経営の「強靭さ」が育まれていたといえる。不平等な土地所有分配のもとでも、家族形態の小農経営が成り立つことを可能にした理由である（原洋之介『開発経済論』）。雇用労働による大規模経営が、生産力の面ではけっして優位を占めるものではなかったので、小農経営が効率的な生産形態となっていた。小農経営の合理性というべきものが、村によって担保されていたといえる。したがって小農経営は、経営が不安定な「零細農民経営」ではなく、比較的経営規模の大きい小作農ないし自小作農であった。江戸期に基本形態ができあがった村システムのなかで、不安定というよりも、むしろ安定的な小作制度が形成され、これによって日本農業が支えられていたと考えられる。

5　土地をめぐる復興

桜町領での取り組み

尊徳が着手した農村復興の代表的なものは、下野国桜町領（小田原藩主大久保家の分家

表２　桜町領仕法初期における戸数・人口の推移

年　代	1821	1822	1823	1824	1825	1826
戸　数	156	156	155	157	158	156
人　口	722	749	713	743	748	769

出典：『二宮尊徳全集』第11巻，1928年を参考に作成。

である宇津家の知行所）における復興であった。桜町領は一六九八年には戸数約四〇〇戸、人口一九〇〇余人であったが、約一二〇年後の一八二一年には、戸数一五六戸、人口七二二人に減少した。尊徳は一八二二年に桜町領に赴任し、すぐに農民の村内外での借金について調査している。当初の仕法では、この借金を低利の米金貸付によって借り換えることで返済していくという措置がとられる。これは一定の成果がえられ、一八二二〜二六年の間で、米約四〇〇俵の上納額の増加があり、人口も四七人増加する。しかしながら戸数の変化はみられず、人口の増加もほぼ婦女子の増加であったために、労働力の回復までには至っていない。当初の成果は領主的立場での収納上の若干の成果といえるものにとどまった。

そこで尊徳は土地の状況および所持関係の緻密な把握と分析を開始する。まず一八二五年から桜町領内の村の検地帳の写し取りを行い、その検討を始める。いわば土地台帳の徹底的な整備から始める。もっとも、この仕法の方向性といったものは尊徳に限られたことではなく、幕府による一八二七年の「文政の改革」の方針と似ている。この改革において幕府から各代官所へ指示が出される。そのなかでこれまで代官所で実施してきた「御救」や「御拝借制度」という領主仕法では効果はなく、農民の滞納金が嵩むばかりである。したがって今後は十分に制限するという指示が出ている。この指示が出された理由は、農民の借財返済のために資金を貸し付けても、思ったような実効があがらなかったためである。文政の改革は当初の尊徳による仕法と類似であった。したがって尊徳は当初、領主的立場から仕法を行っていたことになるので、領主仕法と同様に進展のないものであった。

尊徳は仕法の行き詰まりを感じ、一八二八年に辞表を提出する（『全集』第一一巻）。この辞表のなかで、今後の着手すべき仕法のあり方について記している。尊徳はまず過去の検地帳（水帳）に記されている田畑の状況と現状では、大きく異なっていると指摘する。したがって本田、新田、屋敷地、山林など、すべて検地帳と実態とを照合する必要があるとする。そのうえで一旦、あらゆる土地を領主の手元に引き上げ、領主の命令によって、耕作中の新旧の百姓を大小の区別なく田畑の所持者として、検地帳に掲載する。さらに絵図などによって詳細にして、検地帳と絵図などを名主ら村役人に預ける。各百姓には所持反別を記した帳面（名寄帳）を持たせると同時に、田地を渡す。こういった手順をふむことによって、農民の土地所持意識は高まり、それが復興への手がかりになると記している。近世的土地所持意識の再編と強化をねらったものである。

「公」と「私」の区別

尊徳は辞表を提出したが、これで桜町領仕法が中止されたわけではない。桜町領仕法を引き続いて行うよう依頼を受け、むしろ辞表に書いたとおりの仕法を実行に移していく。尊徳はまず免租地である除地《じょち》の再吟味から取りかかる。次に新田の面積を調査し、土地台帳を検討することによって、農民個々の土地所持の状況を、できるだけ厳密に把握している。この把握によって過去の状況と、どのように異なっているのかが明らかとなる。これによって本百姓体制を強固にして、実際の耕作権を確定しようとする。

こうした作業は一八三五年ごろにほぼ終わり、農民個々の所持の名義と実際との一致をみることになる。尊徳はこの結果をふまえて『御物成《おものなり》本免積立帳』（『全集』第一三巻）を作成する。そして桜町領の田畑を生荒《いきあれ》（耕地と荒地）で区分し、生産高と年貢の確定を図っている。尊徳は厳密な数字で説明する一方で、図表を用いている。とくに図によって領主の収納可能部分が確定され、「公」（領主の取り分）と「私」（農民の取り分）の区別が明

表３　桜町領仕法後期における戸数・人口の推移

年　代	1827	1832	1837	1842	1853
戸　数	159	164	173	180	187
人　口	769	828	857	963	1103

出典：『二宮尊徳全集』第13巻，1928年を参考に作成。

確にされる。元来、封建領主制のもとでは、土地は領主のものであり、農民はそれを所持して耕作し、封建地代を納める存在である。そのうえ幕藩体制下においては、公は幕府を意味し、私田や私領は一般的な領主を意味していた。しかし尊徳は、公と私の関係を領主と農民の関係として、あたかも対等の関係のように扱っている。領主と農民の取得分は、土地を分け合うかのように表されている。

尊徳は復興仕法の当初から、農村復興資金を得るために、領主収納の制限をめぐって、領主側と交渉を重ねた。これが具体的な「分度」の設定であるが、分度概念はさらに深化して、「公」と「私」の区別に至る。つまり封建領主制のもとで、生産高の安定的な確保を目的とした近世的土地所持意識の強化は、従来までの論理にはなかった農民の私的所有という方向性をとることになる。そして尊徳の復興仕法の場合には、近世的土地所持意識を強化し、その主体（多くは尊徳自身）が、村の共役などにおいて、たんにその成果物を求めるのではなかった。その意欲までさかのぼってとらえようとする。

所持意識の強化を表彰制度に結び付け、村人の動機づけに役立てていった。

土地に関しては、一八四一年以降の幕府による天保の改革においても、農民による土地相伝の論理が説かれた。一般的な領主改革と尊徳による復興仕法は、一見したところ類似のようにみえるが、土地をめぐる内在的な論理という点では、まったく相容れないものであった。領主改革の多くは失敗に終わるものの、尊徳による復興仕法は徐々にその成果をみせることになる。しかしながら尊徳自らが土地制度の改革に乗り出したというわけではない。土地制度の改革は明治期の私的土地所有の確立をまたなければならない。しかし尊徳による復興仕法が、尊徳で終わりを告げたわけではなかった。復興仕法は、その内に含む私的土地所有意識の萌芽を通じて、領主改革の多くとは異なり、明治期へと継承されていくことになる。

6　農業と自然

田徳という概念

尊徳は荒廃した農村の復興に携わって、その成果をみた。復興の経験を整理し、抽象化して表現したのが、『三才報徳金毛録』（一八三四年）である。これは図が大半を占める、わずか二〇ページほどの小冊子である。しかしその内容は尊徳思想の根幹を著している。

『三才報徳金毛録』は宇宙の根幹とされる「大極」から説き起こす。大極は朱子学の「太極」から着想を得ている。しかし太極が唯一あるいは絶対という観念でとらえられているのに対して、尊徳の大極は混沌と考えられ、物質的な概念としてとらえられる。この大極から陰陽を分け、空・風・火・水・土の五行の話に及び、自然や人道へと進んでいく。この展開には儒教の影響が色濃くみられる。しかし儒教と異なる、尊徳の独自性もみられる。それは衣食住を重視し、「田徳」という概念を基本にしている点である。

田徳とは田畑の地力あるいは田畑の生産物のことを意味する。尊徳によれば、自然と人間との関係から生まれる田徳が、道徳・文化・制度の根本である。この田徳は「農」と言い換えることもできる。尊徳は「農は本なり」と述べて、人間が生存していく上で、もっとも優先される基礎的条件と考える。尊徳は農を植物の根にたとえて、他の職種（職人・工匠・商人など）を枝葉としている。この意味で農に特権的な地位が与えられる。しかし「工」や「商」を軽視しているわけではない。尊徳は利を得るために、財を生産するのは農工、財を動かすのは商として、工と商を農とともに評価する。農は特権的な地位が与えられているとはいえ、それは人間生存の根本条件として優先されているのであって、経済構造のなかで農工商に優劣がつけられているわけではない。農が唯一の財生産方法であるとは考えていない。

自然と人間

さらに『三才報徳金毛録』のなかで、自然界と人間界の発展過程を図示して説明する。その際、尊徳は自然と人間を分けて、自然に対する人間の主体的な働きかけに焦点をあてる。自然は「天道」あるいは「天理」としてとらえられる。天道や天理は人間から独立した客観的な法則である。そこに人間の価値観が入る余地はない。この天道のなかで、すべての動物は生きている。もちろん人間も天道にしたがって生きている。しかし人間は「作為の道」によって、他の動物とは異なる発展を遂げることができる。人間は自然に材料を求めるけれども、その自然を改良することによって、人間が生きる環境を作っていく。したがって人間には「人道」がある。尊徳は人道を説くことによって、自然に対する人間主体の確立、つまり生産する人間の立場を明確にする。

尊徳によれば、自然は「ともすれば、破れんとす故に政を立、教を立、刑法を定め、礼法を制し、やかましくうるさく、世話をやきて、漸く人道は立なり、然を天理自然の道と思うは、大なる誤なり」（『二宮翁夜話』）であり、儒教による説明を否定している。尊徳にあっては、生産者としての人間が価値を生み出すものである。もっとも、人間の作為のみによって人間の生活が安定するものではないとする。尊徳は人道を水車にたとえて、水車が流れにまったく逆らっても、あるいはまったく従っても役に立たないように、人道も自然にまったく逆らっても、あるいはまったく従っても成り立つものではないとしている。

尊徳の人道は、人間が自然に対して半ば従い、半ば挑むことによって成り立つものである。尊徳は、「天道は自然なり、人道は天道に随ふといえども又人為なり、人道を尽して天道に任すべし」（『二宮翁夜話』）と説明する。しかし人間が自然に対して半ば従い、半ば挑むといっても、その程度は厳密にはわからない。技術進歩は往々にして挑むことに傾きがちである。これに対して尊徳は、魚と水の関係にたとえて、「魚と水中に住めるが如く、水の充満するは即ち天道なり、魚の游行するは即ち人道なり、是故に水の浅深に因て魚の大小自ら定まる、魚の大小に因て水の浅深極むべからざるが如し」と説明する。つまり人道は結局、天道に規定されているのであって、天道が人道に規定されているわけではない。したがって天道の認識があってこそ、人道が成立する。尊徳は生産を拡大するときには、それを取りまく自然を認識することが必要であるとしている。

しかし自然を認識するといっても、自然はつねに同じ状態であるわけではない。自然は時とともに変化し続けている。尊徳は自然というものは「常生常滅」であって、止むことがないと説く。しかもその生滅の総量には増減がなく、生滅の現象は循環する。さらに自然の変化は同じことの繰り返しではない。自然は一見して循環しているようにみえるが、実際は多様化している。つまり尊徳は、単純から複雑へと不可逆的に変化していると考える。天道自然は循環しているとともに多様化している。その天道自然の多様化の方向に、人間の労働を適合させれば、拡大再生産が可能となるはずである。尊徳はこれを「増殖の道」と説明する。しかし現実社会でよく言われる「増殖」とは異なるものである。尊徳は、

世の中、とかく増の事に減付、さわがしき事多かれども、世上に云《いう》増減と云物は、譬ば水を入たる器の、彼方此方に傾くが如し、彼方増せば此方へり、此方増せば彼方減るのみ、水に於ては増減ある事なし。

（『二宮翁夜話』）

と説明する。現実社会において、増減と考えられていることは、物財の偏在の結果であるにすぎない。尊徳のいう増殖とは、こういった見かけ上の増殖ではなく、自然法則にしたがい、人間労働の働きかけによって、有用な財を増加させていこうとするものであった。しかしながら尊徳の場合は、天道にしたがうといっても、それは「科学」的な根拠に基づくものではない。尊徳は生涯にわたる経験に基づいて語っているにすぎない。もっとも尊徳の経験は、自然のなかで農業生産に取り組むという実際の活動に依ったものであり、自然から直接学びとったものである。自然を徹底的に観察し、自然の法則を学び、実際の農業活動で模索を繰り返した。この点で尊徳にとって科学とは、経験知の積み重ねであった。

社会の相互性

一方、尊徳は人道の考え方にそって、人間の集まりである「社会」を考える。『三才報徳金毛録』の「上下貫通弁用之解」において、社会(機能)とでもいうべきものを論じている。この図は、天皇・幕府・農民・儒者・書家・医者・和算家・工匠・商人・職人をあげて、各々が助け合いながら、その社会的機能が果たされていることを説明する。つまり社会を成り立たせているのは、さまざまな役割を担っている人間の相互依存関係であると説く。したがって尊徳のとらえる社会は、農以外のものを排除するような排他的なものではない。尊徳の社会像は、幕末期の農村社会を抽象化したものであり、幕末期の農村は農業のみで成り立っているわけではなく、それ以外の業種や人間も、それぞれの役割を担っていることを示している。しかもそれらはお互いに関連して、実際の生活が成り立っている。尊徳はその相互性を重視している。

尊徳のいう相互性は、空間上だけのことではない。時間上でも考える。尊徳は、

昨年の産業にあらざれば、今年の衣食なし。昨年の産業によって、今年の衣食を保つ。今年の衣食を顧れば、昨年の産業にあり。今年の艱難にあらざれば、来年の衣食なし。今年の艱難によって、来年の衣食にいたる。来年の衣食を謀《おも》へば、今年の艱難にあり。

（『三才報徳金毛録』）

と説明する。過去から将来への一連の「産業」や「艱難」によって、「衣食」の状態が安定する。つまり将来の生活の安定には、現在の生産活動が重要であるということである。

7　現代農業への問いかけ

自己と環境

尊徳は実際の農業から「生産」とは何かを考える。尊徳によれば、人間は目的意識的に自然に働きかけると同時に、自然から物を摂取しなければならない。これが人間と自然とが相互に関わりを持つあり方であり、すなわち生産である。この生産を維持し安定させていくためには、つねに自然法則に適合しているのかどうかが問われなければならない。人間の作為が、自然法則に適合したものであってはじめて、「増殖」つまり発展が可能となる。尊徳の農村復興論は、この論理の上に築かれている。

江戸期には、「環境」という用語はなかった。土からもらったモノを食べて、土に返す。したがって田畑は自分自身であり、田畑を維持することは自分自身を維持することであった。この意味で「自己」と環境とは一体であった。近代になって環境という用語を作り出すことによって、そこから切り離された自己が生まれた。本来、世界と自分とはつながっていたにもかかわらず、環境が創出されることによって自己が誕生した。そこから自分とは何かという自己発見が始まっている。空間的・歴史的な自己の位置づけが始まった。自己と環境が一体となっていたのは、空間的には家であり村である。歴史的には江戸期である。しかし明治政府のとらえ方は、それとは異なっていた。空間は国家であり、江戸期は否定されるべき暗黒の時代であった。この点で幕末期の尊徳は、明治政府とはまったく逆の考え方をもっていた。たとえば、尊徳は復興にあたっては、家の存続だけではなく村（地域社会）の持続性も考える。これは分度・推譲という概念に集約される。

尊徳の思想は、たんなる農業賛美思想や自然経済賛美思想ではない。自然とは何か、生産とは何か、という問題を根本に見据え、実際の経済メカニズムにおいて、これらの問題がどのような関連性をもっているのかを考察している。もちろん尊徳の思想は封建制の枠内で描かれ、多くの制約を受けている。さらに農業中心の社会であるために、農業を重視するあまり、極端な論理に走ってしまう点や、強制手段に訴える点もみられる。しかし尊徳が追求した農業の意味は、現在もなお生き続けている。

尊徳の思想は少年期から晩年に至るまで、当時の農村での体験に基づいて、思想として体系立てられたものであった。尊徳が当時の農村で体験し、そして重視したことは何であったか。百姓の存在であり、家の存続であり、そして村の持続性であった。村内では農業以外の「副業」が一般的にみられ、それが百姓になるうえで障害とはならなかった。そして村人は家の永続性を願って、先祖に見守られながら、子孫に伝えていくという信念に基づいて、懸命に仕事をした。さらに「勤勉」は村の持続性を保つうえで必要とされた。これらによって家や村の体制は維持されていたが、これは家や村の自立性と自律性が重視されたとも言い換えることができる。尊徳はまさにこれを思想の根本に据えたといえる。

継承される尊徳思想

尊徳は「音もなく香もなく常に天地は書かざる経をくりかへしつゝ」という歌を詠んでいる。これは天道（自然）の摂理を感じ取って、それにしたがって農業生産ないし農村生活が成り立っていくことを指摘している。さらに「故道に積る木の葉をかきわけて天照らす神の足跡を見む」という歌を詠んでいる。これは遠くさかのぼって、先祖からの「遺産」をよくみて、それを継続させ、発展させていくことを説いたものである。歌に込められた尊徳の願いは、まさに先祖から次世代への継承であった。

尊徳の思想や復興仕法は門人によって継承されていくが、それぞれの地域の実情に応じて変容を重ねる。しかしながらその前提となる家の存続や村の持続性という点については、門人も共通している。家の存続や村の持続性を重視した柳田は、明治期に産業組合の設立に熱心に取り組んでいる。柳田は、「組合と云ふ思想は久しく我国民の間に十分に発達して居つたもので、必ずしも西洋の文物を輸入致しませんでも、我々は組合を作るべき十分の素質を具へて居るのであります」(『時代ト農政』)と語る。柳田は尊徳の門人の一人であった岡田良一郎(一八三九〜一九一五、以下は岡田)との論争を経て、尊徳の復興仕法が制度化された報徳社のシステムを、近代社会で生かす道を模索した。報徳社の基盤となる江戸期の家と村は、生産・生活環境の変化にともない、変容を遂げていた。しかしながら家や村が自ら「主体性」を発揮して、変容を遂げたとは言い難い。もし家や村がその排他性や閉鎖性によって、自ら「壁」をつくっていたとすれば、それを崩す「自己否定」しか発展する道はなかったはずである。この点では柳田も岡田も、いったん村の共同性を崩して、新たに組織(産業組合や報徳社)を形成するということで一致をみていた。

ところで明治中期の農業部門の国税・地方税の負担割合(地租・地租付加税など)は約八割であった。一八九〇年の段階で、農業部門の租税負担率(部門別純国内生産額に占める租税負担割合)は一二パーセントであった。これは非農業部門のそれが二パーセントであったことに比べて、格段に大きい(大鎌邦雄「戦前期の農業における租税負担率の再推計」『農業総合研究』第四九巻一号）。つまり明治前中期の殖産興業資金は農業部門が負担していたことを示している。この負担に耐えうる農業は、明らかに江戸期の家と村によって支えられていた。近代化の初期段階に、農業部門がこれほどの負担をした事例は外国ではみられない。このことから考えて、尊徳に代表されるわが国の百姓の思想、そしてそれを支えた家と村は重要な役割を担ったといえる。

しかしながら存続や持続性を願う家と村があったとしても、そこに尊徳の思想なり復興仕法なりが伝播し、定着するとは限らない。それは報徳社という結社組織が全国的な広がりをみなかったことに端的に現れている。政府による強引ともいえる報徳結社は、全国的な展開をみせるが、それらは地域に根づいたものではなかった。何が復興仕法を定着させ、実りあるものとするのであろうか。宮本はその豊富な村の観察をもとに、「人はその共感を持ち得るものによって社会を形成することが、一番平和であり安心ができた。だから共感をよぶあらゆる人間的な関係が人間社会の結合に利用された」（『民俗のふるさと』）と語っている。尊徳は個々の村や家（人間的な関係）の「共感」を得ることに力を入れ、その結果、農村復興仕法が成果をあげた。それは報徳結社として伝えられ根づいていった。つまり人間的な関係の共感をえることなくして、新たな組織形成や組織再編は困難である。

図５　一円札に描かれた尊徳

現在の「地域おこし」運動が成果を上げないのは、まさにこの点にある。

尊徳は「政治」には無関心であった。この点で尊徳思想の日本での評価は、体制を覆すような思想ではなく、むしろ体制順応的でさえあった。この点でこれまでの尊徳の評価は芳しくない。しかしわが国の歴史における転換点をよくみると、体制に真っ向から反対する思想によって変わっていったわけでなく、むしろ体制を維持しようとして、それまでの体制にはなかった新たな思想を組み入れ、それによって体制が変わっていく。旧体制にとって「異物」を内包することによって、時代が移っていく。幕藩体制は尊徳思想という異物を取り込むことによって、新たな体制をもたらすことになった。もちろん幕藩体制はこの過程で崩壊していく。

これまで約一五〇年間の尊徳の扱われ方をみると、景気の良いときには見向きもされず、景気の悪いときには亡霊のように蘇る。一般的に人物の評価や思想の解釈は、一定しているものではなく、時代によって微妙に変化する。よい意味では、時代のニーズに合うように解釈され、悪い意味では、時代に流されたその場限りの解釈がまかり通る。この点で尊徳は時代に翻弄されてきた。時代に振り回されるのを覚悟で、今、日本農業にとって尊徳の何を見直すべきだろうか。勤労や倹約という行動規範もさることながら、家や村のあり方を見直すことが必要である。東日本大震災後の復興も同様であるが、尊徳が生涯をかけて取り組んだのは、家再興であり、農村復興であったからである。この復興過程で生み出されたのが、日本の協同組合の原型ともいえる報徳結社であった。報徳思想や報徳結社は、家再興や農村復興を通じて形成され、家再興や農村復興を目的とするものであった。

現在、中国で尊徳思想が注目されつつある。中国での経緯は他の章で説明されているが、学会が設立される勢いである。「国際二宮尊徳思想学会」という学会であるが、これまでの大会の各テーマは、尊徳思想と関連づけて「中国文化」「思想研究の過去と未来」「経済倫理」「和階社会」「経済改革」などである。この一方で日本はどうかとなると、いささか不安なものがある。研究レベルはともかくとして、研究熱という点では、ＧＤＰと同様、残念ながら中国に追い越されてしまった。日本では戦前のイメージが根強いために、イメージの多くが誤解であるにもかかわらず、捨て去られる存在である。しかし今一度、尊徳思想を見直す必要があるのは、日本の方であり、とくに日本農業なのである。

第3章　中国における尊徳研究の動向と可能性

――二宮尊徳思想学術大会の取り組みを中心に――

王　秀文

王　秀文
（オウ　シュウブン）

1951年，吉林省白城市生まれ。
大連民族学院大学教授。

1977年，吉林大学を卒業後，同大学外国言語文学部助手，講師。88年より遼寧師範大学国言語文学部助教授，副学部長，日本教育文化研究所長を歴任。95年からは大連民族学院大学外国言語文化学院助教授，教授，院長，国際言語文化研究センター長を歴任。81年10月～82年9月，日中政府間交換留学生（北海道大学）。2005年，大阪大学大学院文学研究科論文博士を取得。著書に『桃の民俗誌』（朋友書店，2003年），『日本――言語・文化与交際』（外研社，2007年），『歴史与民俗――日本文化源流考述』（外研社，2007年），また翻訳書に『二宮先生語録』（吉林大学出版社，2010年），『二宮翁夜話』（吉林大学出版社，2011年）など多数。

1　中国における尊徳研究の経緯

二宮尊徳と中国との関わり

日本の江戸時代末期の農政家・思想家としてよく知られる二宮尊徳（一七八七～一八五六年）は、かつて近代日本の道徳モデルであった。尊徳が自らの体験・実践と深い思索によって、神道・儒教・仏教といった三教の長所を融合して打ち出した「天道人道論」「勤労・分度・推譲論」「道徳経済一元論」を三大支柱とする報徳思想は、日中の伝統文化の真髄を融合させ、東洋文化の価値倫理の本質を表しているものである。中国においても日本研究の一環として当然研究されるべきものであると考えられる。

尊徳の報徳思想と実践が日本で広く一般に知られたのは、二宮尊徳が亡くなった一七年後、つまり尊徳門人の福住正兄による『富国捷径』（初編、報徳会一徹社、一九七三年）からであろう。その後、同じ門人の富田高慶が著した『報徳記』（和装八冊）が一八八〇年一〇月に、「旧相馬藩主相馬充胤により献上されたところ、天皇の特別の思召で、明治一六年（一八八三年）一二月に宮内省で刊行され、知事以上にたまわり、さらに広く官吏に読ませようと、農商務省版として明治一八年三月発行された。これまではすべて和装八冊であったのが、一般民衆の読むようにと明治二三年五月大日本農会版として、四六版一冊の五号活字刷りで販売された。これがこの書の広く読まれた最初である」とされる。なお岡田良一郎『報徳富国論』（一八八一年）、福住正兄『二宮翁夜話』（一八八四年）と『報徳学内記』、斎藤高行『二宮先生語録』、『報徳外記』（一九〇三年）など数多くの著書があいついで刊行されることにより、報徳研究に拍車がかかった。

二宮尊徳と中国との関わりは昭和期と遅い。二〇世紀、一九三〇年代に入ってからである。一九三一年、日本の中国東北侵略戦争の始まりとされる「満州事変」（中国では「九・一八事変」という）が起こり、翌三二年、日本人が政治の実権を握った傀儡政権「満州国」が中国東北部に誕生した。「満州国」が生まれると、大日本報徳社機関誌『大日本報徳』は、「満州の新国家建設は時代の要求である。これを完成するには報徳生活様式の実行に限るのである」との論説をその三月号に掲げ、「満州国建設」に「報徳」をもって協力しようとした。そして、五年後の一九三七年三月、報徳幹部が講師として、関東州庁・大連市役所・満鉄地方部の共同主催による「国民更生運動講習会」に出席するため中国入りした。また一九四〇年に、当時の大日本報徳社副社長の佐々井信太郎が満州開拓公社総裁の坪上貞一などの依頼により満州に派遣され、一カ月程度、現地視察と指導を行い、開拓団に報徳仕法を導入する必要があると強く出張した。

大日本報徳社とは、一八七五年遠州浜松に設立した「遠州国報徳社」を一九一一年に名称を変更した結社で、一九四〇年ごろには、三三道府県に七六五社、社員約三万人を有していた。もともと、報徳金を出資した人々が集い、その資金を低利で融通する庶民金融的機能を有するとともに、農業指導や生活合理化運動の主導者としての役割を果たしていた。しかし明治後期以降になると、道徳教化的側面での役割が次第に強くなり、政官界との関わりを通じて政治にも一定程度の影響力を持ったといわれる。

一九四二年三月に、「満州国」の皇帝が「建国一〇周年詔書」を発するとともに、九月に式典を執り行い、さらに一二月には、基本方針・政治綱要・民生綱要・経済綱要の四章からなる「満州国基本国策大綱」を発表した。このような時局のなかで、「満州国」当局者の要望により、報徳関係者の静岡県地方局長の職にあった内務省地方官僚の遠山信一郎が一九四二年九月から二週間、一九四三年の前半に佐々井信太郎が一カ月間ほど「満州国」入りする。「満州国」偽政府各部、興農合作社、満鉄、さらに関東軍や大同学院でも講演を行い、「一つ報徳をやらうという空気」を醸し出す点において役割が大きく、当時「行き詰まり」を感じていた「満州国」当局者に喜ばれていたという。

報徳指導者として「満州国」へ派遣された遠山信一郎と佐々井信太郎の「満州国関係で発する言葉は、戦時下という条件も加わったため、より観念的になり、その論点は満州国に『惟神の道』（皇道主義）を普及する術としての報徳という側面に収斂していったことを明らかにしてきた。そして満州国側でも、『建国一〇周年』以降の政策展開において、統治を円滑化する一つの術として、報徳に期待した側面があった」（見城悌治『近代報徳思想と日本社会』ぺりかん社、二〇〇九年、三四三頁）。

その一方で中国人による二宮尊徳の紹介も一九四〇年代の半ばごろから現れていた。それは二つある。一つは趙如珩の『吉田松陰略伝』（南京知行学社、一九四二年）の第九章「付録」の「新国民運動与日本人二宮尊徳」である。もう一つは曹曄・袁殊訳の『日本人二宮尊徳及其他』（政治月刊社政治叢刊第七種、一九四三年）に含まれる武者小路実篤の伝記『二宮尊徳』とその序文「関于二宮尊徳」の中国語訳である。前者は一九四〇年、汪精偉が南京に傀儡政府「汪偽政府」を設立して、『新国民運動綱領』を発表したことに応じて、二宮尊徳をいわゆる新国民運動のモデルとして中国に紹介し、明らかに日本侵略政策に利用したものである。後者は、武者小路実篤の伝記『二宮尊徳』を忠実に翻訳し、武者小路実篤による二宮尊徳像を客観的に紹介したものとして評価される。以上の二つは二宮尊徳をはじめて中国人に紹介されたものではあるが、戦争中であったので、結果的にどちらも広くは中国人に知られることはなかった。

尊徳研究の開始

そういう始まりであったので、二宮尊徳と中国の関わりは、一九四五年の日本敗戦とともに中国で絶えてしまい、それ以降五〇年にわたる長い間、中国人が二宮尊徳に触れることはなかった。

しかし一九九五年になってやっと、北京大学日本研究所の劉金才教授による「二宮尊徳的〝報徳思想〟与日本的近、現代化」という論文が、北京大学『東方文化』（藍天出版社、一九九六年）に掲載された。その翌年、この日本語版が「二宮尊徳の『報徳思想』と日本の近代化について」として一円融合会の雑誌『かいびゃく』（一九九六年八月号、九月号）で発表された。この論文は、中国においても日本においてもはじめてとなる中国人による尊徳研究となるものであり、画期的なものであった。

現代中国において、劉金才教授が尊徳研究の第一人者とみられる。劉教授は北京大学の日本文化研究所長として、二〇〇二年六月二二〜二三日の間、財団法人日本報徳福運社報徳博物館と共催で、「二宮尊徳思想国際シンポジウム」を北京大学で開催した。これには日本側から四五人、中国側から四一人、あわせて八六人が出席し、「二宮尊徳およびその報徳思想の構成内容・源流・特質」「報徳思想の中国文化との関わりおよび東洋文化に対しての貢献」「報徳思想と日本近代化発展との関係」「二一世紀における報徳倫理の人文的価値と役割」などの問題について各自の研究を発表し、お互いの交流を深めた。このシンポジウムは「日本伝統文化と中国文化との関係及び東方文化の価値に関する学術研究を促進し、中日両国の人文分野における交流と友好関係を深める」ことを趣旨とし、「二宮尊徳研究を主題に中日共催のこのたびの国際シンポジウムは、中日両国においてだけでなく、世界の学術界においても初めての行いである」と高く評価されている。シンポジウム上で発表された論文二〇篇と特別寄稿三篇（うち、中国人研究者の論文は一三編）をすべて中日両国語に翻訳して、『報徳思想と中国文化』と題して出版した（劉金才・草山昭編『二宮尊徳思想論叢Ⅰ　報徳思想と中国文化　北京大学における二宮尊徳思想国際シンポジウム特集』学苑出版社、二〇〇三年）。

この「二宮尊徳思想国際シンポジウム」の開催、『報徳思想と中国文化』の刊行、いずれも中国ではじめての出来事であった。その意義について、中国元文化部副部長・中華日本学会長の劉徳有氏が、シンポジウムの開幕式で挨拶して、次のように述べていた。「わが国の日本学界は、改革・開放政策が実行されて以来、多くの研究分野で、喜ばしい研究成果をあげていますが、二宮尊徳およびその報徳思想については、第二次世界大戦終結以前に日本の支配層と中国における当時の『南京傀儡政府』に悪用されたことなどもあって、尊徳の農政学者・思想家としての一面はあまり重視されず、学問の角度からの報徳思想に関する深い研究にいたって、尚更のこと非常に稀でありました。（中略）このたびの国際シンポジウムは、国交正常化三〇周年記念を契機に二宮尊徳の報徳思想の内容、根源、特質及び中国文化との関係や、東洋文化に対する貢献とその今日の意義などについて、深く突っ込んだ学術研究が行われることになっておりますが、このことはわが国の日本学研究にとって、疑いもなく喜ばしいことであります」。

国際二宮尊徳思想学会の設立とその趣旨

北京大学の国際シンポジウムは、二〇〇二年六月に開催されたが、この年は日中国交正常化（一八七二年）から三〇年目にあたる年である。日中学術交流においても文化交流においても大きな意義を持つものといえる。それをきっかけに、日本と中国の研究者メンバーが中心となって国際二宮尊徳思想学会の設立が構想され、そして二〇〇三年四月に小田原において発足した。

二一世紀に入って、世界の経済・政治・文化・科学技術は前世紀よりさらに速いテンポで発展している。とりわけインターネットを先導とする情報革命と、経済グローバリゼーションはすさまじい勢いをみせ、世界的な規模において、異なる地域、異なる民族を否応なしに、西洋資本主義のリードする所謂「現代文明」のなかに巻き込んでいる。それによって、人類の物質生活に未曾有の向上がもたらされてきた。それと同時に人類文明は、いかなる時代よりも多くの矛盾や衝突、深刻な危機に直面している。その衝突や危機を並べれば、文明衝突による価値危機・人間と自然との衝突による生態危機・集団と個人との衝突による社会危機・人間と人間との矛盾による道徳危機・心と魂との衝突による精神危機などと、よく指摘されている。これらの矛盾や衝突が人類の生存や利益に関わっているのみならず、それによって引き起こされている危機も人類すべてにとって避けられるものではないから、これからの学問はすべてこれらの課題に取り組まなければならない。ところが、近代化の歴史が立証しているように、これらの衝突や危機を緩和し解決するには、従来の科学や技術の発展を機軸に据えた物質主義的文明論や、闘争哲学・主客二分の認識論・二元対立の思惟様式をもとにした西洋思想の論理と、その言説体系に頼るだけでは無理がある。ドイツの社会学者マックス・ウェーバーが原生的資本主義の精神的原動力から除外した東洋の思想文化を再認識し、その豊富な内包と潜在的価値を掘り起こし、現代的解釈をして、新しい人類文明の構築に生かす必要がある。国際二宮尊徳思想学会は、まさにこの問題意識を持って、東洋思想文化のエキスを集めた二宮尊徳思想に関する学術的研究と交流を目的に、日本・中国・韓国・アメリカ・イギリス・カナダなどの国々の研究者を集めて設立された。

（国際二宮尊徳思想学会「創刊の辞」『報徳学』創刊号、二〇〇四年）

国際二宮尊徳思想学会が設立されると、いち早く着手した仕事は学会誌を創刊することであった。発刊目的にも学会の趣旨が謳われている。

私たち国際二宮尊徳思想学会は会誌の名を『報徳学』と命名することにしたが、『報

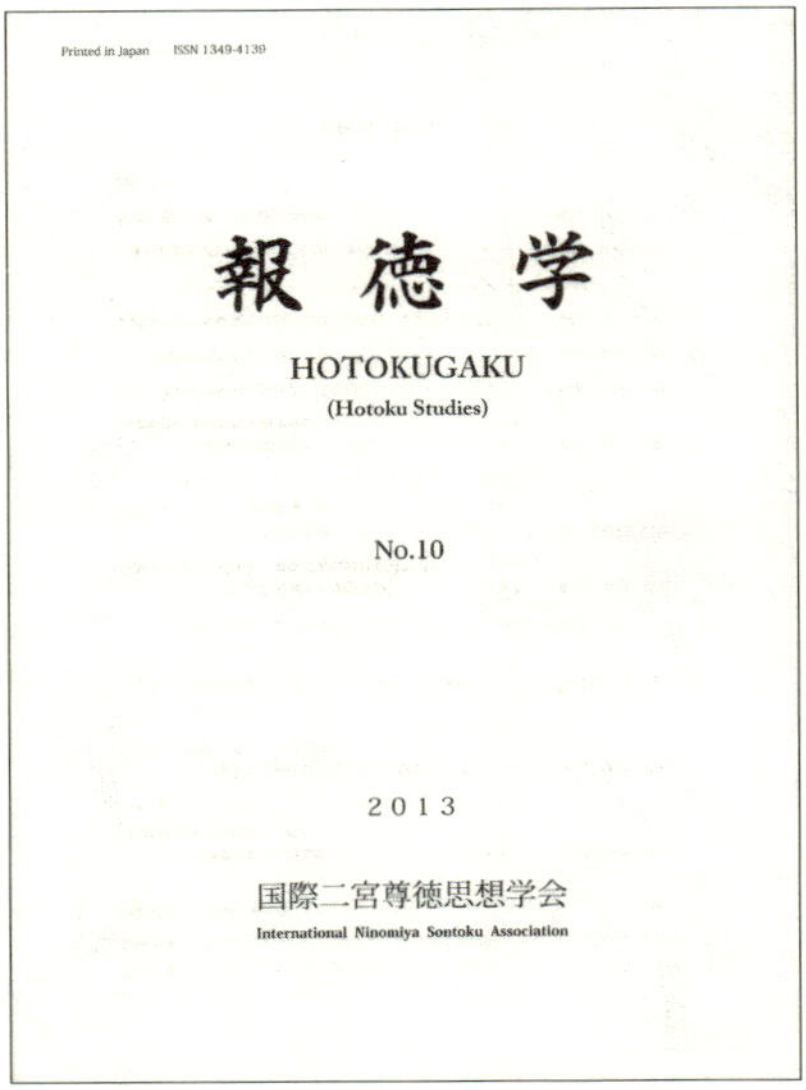

図１　『報徳学』第10号の表紙

徳学』と命名する経緯としては、次の三つの要素をあげられると思う。一つは、「天道人道論」、「勤労・分度・推譲論」、「経済道徳一元論」を三大支柱とする二宮尊徳思想が、従来「報徳訓」という呼び名のように「報徳思想」と呼ばれてきたこと。二つ目は、「報徳」のカテゴリーが、尊徳の報徳倫理に限って言うものではなく、儒教の「徳を以って徳に報ゆる」、神道の「万物有徳論」、仏教の「四恩説」などと、東洋思想体系における伝統的価値倫理及びその認識論を広く内包していること。三つ目は、「報徳思想」をただ従来の伝統的社会実践と道徳実践のためのものとして取り扱うだけではなく、先述の五つの衝突や危機から人類を守り、新しい人類文明を構築するための学問、即ち東洋の代表的な一学問体系として研究を重ねていくことである。

（国際二宮尊徳思想学会「創刊の辞」『報徳学』創刊号、二〇〇四年）

そして「私たち学会のメンバーも探究する課題もみな国際的であるので、国家や民族、イデオロギーの限界や宗教の相違を超越して、あくまで新しい人類文明の構築と真理の追求を使命とし、科学的・理性的学問態度を以って、報徳思想についての研究を幅広く展開し、深くおし進めていく所存である」と宣言している。

『報徳学』誌は、このような目的を持って二〇〇四年に発刊して以来、毎年三月に刊行し、二〇一四年で第一一号を刊行することになる。

2　研究の展開と意義

学術大会の開催と文化交流

国際二宮尊徳思想学会が設立されて以来、二年ごとに一回、二宮尊徳思想学術大会を中国と日本とで交替で開催し、このことは中国人尊徳研究者にとって何よりも大きいイベントになっている。これまで第二回「報徳思想研究の過去と未来」（二〇〇四年、東京青年館）、

第三回「報徳思想と経済倫理」(二〇〇六年、大連民族学院)、第四回「報徳思想と和諧社会」(二〇〇八年、上海華東理工大学)、第五回「二一世紀社会の経済改革と報徳思想」(二〇一〇年、京都産業大学)が開催された。そして二〇一二年に計画された第六回は事情により二〇一四年に延期され、「報徳思想と現代社会」というテーマで清華大学にて開催された。これらの学術大会では、中国側の参加者は、第一回は四一人、第二回は二八人、第三回は六〇人、第四回は三〇人、第五回は四六人、第六回は六六人となり、これで中国における尊徳研究の定着が窺える。

中国人による研究論文の多くは、国際二宮尊徳思想学会が上記の学術大会の開催後に刊行する『二宮尊徳思想論叢』や『報徳学』誌に投稿されている。『二宮尊徳思想論叢』は現在まで、論叢Ⅰとして『報徳思想と中国文化』(二〇〇三年)、Ⅱとして『報徳思想研究の過去と未来』(二〇〇六年)、Ⅲとして『報徳思想と経済倫理』(二〇〇八年)、Ⅳとして『報徳思想と和諧社会』(二〇一〇年)が刊行(すべて中国の学苑出版社)されている。第五回学術大会(二〇一〇年八月)の論叢Ⅴである『二十一世紀社会の経済改革と報徳思想』が目下編集中である。それに、国際二宮尊徳思想学会の『報徳学』誌は、二〇〇四年創刊して以来、二〇一三年の第一〇号までは、すでに刊行されている。

中国人が、『二宮尊徳思想論叢』（Ⅰ～Ⅳと編集中のⅤ）に載せた論文は九三篇、『報徳学』（創刊号から第一〇号まで）に載せた論文は四七篇、そのほかに載せた論文は一四篇で、あわせて一五四篇にのぼる。論文のほかに、中国人研究者による著書一冊、編著書二冊、翻訳書七冊、あわせて一〇冊が刊行されている。この数字からみて、二〇世紀、一九四〇年代から九〇年代まで四種類しか二宮尊徳の紹介がなかったのに比して、中国における報徳研究が急速に拡大してきたことがわかる。

それと同時に、大日本報徳社も「中国と日本と二宮尊徳」（二〇〇三年、第一回）、「中国・韓国・日本と二宮尊徳」（二〇〇四年、第二回）、「日中で考える報徳文化と企業倫理」（二〇〇九年、第三回）という一連の国際的フォーラムを主催し、中国側の研究者を招聘して研究発表や交流を行っていた。

学術大会が日本で開催されるたびに、来日した中国人研究者は、小田原にある報徳博物館・報徳二宮神社・二宮尊徳記念館、静岡県掛川市にある大日本報徳社、栃木県にある今市市・二宮町・桜町および群馬県沼田市利南二宮神社、神戸にある報徳学園などの史跡、そして報徳仕法ゆかりの地を見学・調査する機会を持ち、見識を広めた。これによって中国人研究者は報徳思想の成り立ち・報徳実践についての理解を深めていった。

さらに、学会事務局のある報徳博物館は毎年、中国人研究者・大学院生を研修員として受け入れる体制を作っている。研究員らは研修期間中、研究・見学・講演・文化体験などを通して、尊徳の報徳思想や日本文化への理解を深めている。その一方で中国で学術大会やフォーラムが行われるたびに、中国文化の見学・体験する日程を日本側の参加者に提供して、中国の文化や中国人の生活習慣などについての理解がなされている。この意味において、尊徳研究は日中間の草の根文化交流を促すことにもつながっている。

尊徳研究の組織化とその実績

中国における尊徳研究者は当初、研究者が個人的に国際二宮尊徳思想学会に入会し、その国際学術大会が開催されるたびに参加して研究論文を発表していた。普段はお互いにあまり交流もなく、組織性もない、ばらばらの状態であった。

そのようななかで、大連民族学院大学の国際言語文化研究センターでは、第三回国際学術大会を控え、研究環境を整えるべく、学会の支援を受けて、二〇〇五年三月に「東北二宮尊徳研究所」を設置する。これは中国ではじめての二宮尊徳研究機関として注目を集め、研究拠点としての役割が大いに期待された。研究所は設立当初から、次のような方針を決めた。

① 研究文献・資料を集中して、中国人研究者のために便利を提供すること。

② 安定した研究チームを作り、学術研究と研究活動を促進し、確実に研究業績をあげること。

③ 内外の研究機関・関連団体との連携・交流の窓口として、報徳思想の影響拡大を目指すこと。

④ 研究情報の発信などを通して、より幅広く理解・支持を得ること。

「東北二宮尊徳研究所」は設立と同時に「二宮尊徳の報徳理念と実践」というフォーラムを開催し、日本報徳博物館から研究文献の贈呈を受けた。一度に二宮尊徳研究文献を一七〇〇余冊も寄贈を受けたことにより、中国における尊徳研究の「文献センター」ともいうべき研究拠点の基盤となった。それに続いて、第四回学術大会（上海）の前年、二〇〇八年三月に、華東理工大学内にも「華東二宮尊徳研究所」が設立された。その設立時に、「報徳思想と和諧社会」というフォーラムも催された。

各研究所の設置とともに、中国における二宮尊徳研究が大きな展開を迎えた。とくに「東北二宮尊徳研究所」は以下の研究に着手し、その成果をあげてきた。

① 二宮尊徳について理解を深めるとともに、東北地方、とくに大連を中心に研究者を増やし、組織的に研究計画を立てて研究活動を行い、学会への参与や著書・訳書・論文の執筆を進めてきた。

② 尊徳研究を中国、とくに遼寧省の経済・文化発展に寄与し、積極的に政府の支持を得ながら「中国社会転型時期民族向心力的塑造及其作用――来自日本的啓示」（二〇〇六年一二月～二〇〇七年一二月、遼寧省社会科学企画基金課題）、「二宮尊徳報徳理念与創建和諧社会之借鑑性研究」（二〇〇七年八月～二〇〇八年八月、遼寧省社会科学界連合会課題）、「二宮尊徳〝報徳思想〟及其対落実科学発展観的啓示」（二〇〇九年一一月、遼寧省教育庁高等学校科学研究課題）、「対大連地区〝三農〟問題対策的思考――来自日本二宮尊徳〝報徳思想〟的啓示」（二〇〇八年六月～二〇一〇年五月、大連市社会科学院研究項目）、「遼寧省構成建利益調和型労資関係的対策研究――以日本企業為鑑」（二〇一〇～一一年、遼寧省社会科学界連合会課題）などの研究プロジェ

クトに取り組んだ。その研究成果として、「二宮尊徳報徳理念与創建和諧社会之借鑑性研究」が二〇〇八年一〇月遼寧省社会科学界連合会研究課題一等賞を、論文「二宮尊徳思想在日本社会転型時期的意義及其作用」（『中央民族大学学報』第六期、二〇〇七年一一月）が二〇〇九年九月遼寧省第一回哲学社会科学学術優秀成果三等賞も獲得した。

③　研究論文をあわせて五〇篇近くを国内外で発表し、それを研究所の研究報告として『二宮尊徳思想与実践研究』（二〇〇八年）、『二宮尊徳思想与実践研究　続編』（二〇一〇年）に集めて出版し（いずれも吉林大学出版社）、研究交流に寄与した。また秦穎著として『二宮尊徳――報徳思想多維探究』（中国社会科学出版社、二〇一三年）を刊行し、中国ではじめての著書として注目されている。

④　研究文献、とくに中国語による資料がないため、尊徳研究が妨げられていると、中国語しか読めない中国人研究者から苦情が出ていた。そこで研究所では尊徳の研究文献を中国語訳・出版することで、その要望に応えることにした。これも学会の支援を得て推し進めることができ、二〇一四年までに、現代版報徳全書の『二宮翁夜話』『二宮先生語録』『報徳記』『報徳生活の原理と方法――和平生活の道』『報徳仕法史』（い

ずれも筆者が代表で、吉林大学出版社出版）の五冊を翻訳し、日中語対訳版で刊行した。これらの研究文献の翻訳・出版は、中国における尊徳研究の発展に大きな貢献となり、その意義は深遠である。そのほか、報徳学園理事長の大谷勇氏による若者向けの著書『報徳の風が吹く』（同上）も日中語対訳版で出版した。

⑤ 大学院生の養成に貢献した。研究の進展にともない、修士課程の大学院生に対しても尊徳研究を指導し、これまで二人がそれぞれ学位論文「調和社会の形成における二宮尊徳思想の意義と影響について」「二宮尊徳の報徳理念及びそれが日本的経営理念に対する影響について」を提出して修士号を取得した。

尊徳研究の背景と意義

現代中国における尊徳研究が、このように急速に行われている背景と意義は何か。それは次のように考えられる。

第一に、一九七八年から始まった「改革開放」政策の成果の一つとして、全国的に思想が自由に語られるようになり、学術研究に規制がなくなってきたことがある。これが中国において尊徳研究がさかんに行われるようになった客観的な条件といえる。半世紀ほど前までは、二宮尊徳はあまり中国人に知られていなかった。たとえ知られていても、尊徳の説教が徳川時代の封建体制の施政者側の年貢収奪策であったとか、明治政府の国体を擁護し、社会的諸矛盾を覆い隠す社会調和のイデオロギー的手段であったとか、戦時中、国民道徳として軍国主義者に都合よく利用されたとか、戦後の民主主義に相容れない封建主義的倫理といったようなイメージであり、研究に取り上げるべき対象ではなかった。

第二に、尊徳思想に対する儒教思想の深遠な影響が、尊徳研究が中国で盛んに行われるようになった根本的な要因としてあげられる。二宮尊徳はみずからも「わが道は、神・儒・仏の三教（三味）を合して一粒丸としたような物である」と語っている。また幼いときから『四書』を一通り習ったといい、「報徳」という言葉そのものも儒教の経典『論語』からきていることなどから、儒教が尊徳思想の重要な源泉であることがわかる。尊徳思想の根幹となる神・儒・仏の三教、とくに儒教に詳しい中国人学者にとって、儒教の日本での伝播・変遷・応用の様子が非常に魅力的かつ比較研究の格好たる素材である。

第三に、アジアでもっとも早く近代化を実現し、世界ナンバーツーの経済大国になった日本は、東洋の国のなかで近代化への経験を豊かに持っている。このような日本は、「四つの現代化」をめざして改革開放政策を取った中国にとって、どこよりも手近な手本であっ

図２　大連民族学院大学内の研究所のメンバー

た。そのために、ここ三〇余年来、多くの学者が日本近代化の要因を探り出すのに力を入れてきた。そのなかで当然、日本の近代化や経済成長の精神的文化的要因として、尊徳の報徳思想と実践に目を向けて、その積極的な役割を研究するのが、当然の成り行きとなった。

第四に、一九九二年から市場経済を導入し始めた中国では、人々の価値志向や倫理志向などで激しい変化がみられ、道徳喪失・拝金主義・自分本位の物質的欲望の充足に走る傾向が強くなり、ますます深刻な問題になってきた。そのうえ、経済発展の地域差・都市農村の格差・所得の格差などの拡大に起因する社会問題が危惧される状態となった。研究者は日本の物質的文明と精神的文明に多大な貢献を為した二宮尊徳の「道徳経済一元論」、すなわちたんなる精神主義にかたよることなく、道徳と経済との調和をはかり、一つに融けあう社会を実現するという報徳の思想と実践を参考に、問題の解決にあたろうとしている。

そして最後に、国際二宮尊徳思想学会の設立と国際二宮尊徳思想学術大会の開催が、中国における尊徳研究が進展したきっかけであるといわなければならない。前述したように、これまで学会が主催した五回にもおよぶ学術大会に中国人研究者が多く参加し、日中間の尊徳研究と交流が期待される集いになっている。また大会ごとに編集し、刊行した論叢および一〇号までも発行された『報徳学』誌が中国人研究者にとって研究論文発表の貴重な場となっている。これらの大会や刊行物は、中国における尊徳研究の発展をもたらし、またその後押しとなっているのである。

3　今後の尊徳研究

次の一二年に向けて

二〇〇二年北京大学で開催された「二宮尊徳思想国際シンポジウム」を学会の第一回とするなら、二〇一四年一〇月に開催の第六回学術大会まで一二年が経過したことになり、干支の十二支でいえば、ちょうど一回りとなる。まさに回顧と展望をするのによい機会でもある。

回顧してみれば、この一二年間、中国人により刊行された論文は膨大な数になり、喜ばしいことである。論文の内容をみれば、尊徳の生涯と思想およびその実践を紹介するものが多く、特徴の一つといえる。もう一つの特徴は、尊徳の思想の源泉を中国の伝統文化、とくに儒教文化に求め、それに位置づける研究が多いようにみえる。しかし、「儒教の日本においての伝承と発展としての尊徳研究」が少ないという事実がある。そして三つめの特徴として、尊徳と日本のほかの思想家との比較研究がかなりみられるが、ほとんど理論的なものにとどまるものが多く、現実の問題に対する解決へと導くようなものが少ない。

この意味で、尊徳の研究文献の翻訳出版も含めて、これまでの中国人による尊徳研究は、まだ初歩的で基礎的な段階であるといえよう。

この基礎に立脚して、今後どのような方向に発展していくかが、中国における尊徳研究の課題である。私見ではあるが、すでに「尊徳研究の現実背景と意義」として述べた五つの背景と意義が存在しているかぎり、今後も尊徳研究が中国で行われ、発展していくと思われる。とくに近年来、中国政府が農業税免除や農業補助などの政策を出して農民・農村・農業という「三農問題」の解決、医療保険や低収入に対する社会保障による所得格差の縮小、官僚や幹部の汚職・賄賂などといった悪徳行為の撲滅などに力を入れ、経済発展にともなって顕在化してきた社会問題を改善しようとしている。こういうなかで、尊徳の報徳思想の核心を成す「天道人道論」「勤労・分度・推譲論」「道徳経済一元論」の理論と実践研究が、中国における現実問題の解決に必要であり、また大いに参考になると思われる。

実践者たち

時代背景や社会背景の異なる二宮尊徳の報徳思想をそのまま中国に移すことには限界がある。とくに報徳思想の実践は不可能のようにも思われる。ただ、現代中国には陳永貴・

王進喜・焦裕禄などのように人民や社会に尽くし、一生を捧げた道徳モデル・実践人物も多く、中国人に親しまれている。彼らの事跡を簡潔に述べると、

① 陳永貴（一九一五～八六）

彼は、山西省昔陽県大寨村の一農民で、一九五二年から大寨村の書記を務めた。村人を動員して、農業にまったく適しておらず災害も多発していた大寨の傾斜地を切り開いて棚田に作りかえ、食糧生産を七倍に増やし、「三年自然災害」の間でも飢死者が一人も出なかったという。毛沢東の「農業は大寨に学べ」との号令で、陳氏の事績は全国的に知られ模範となったが、後に政界にまで進出して失脚した。

② 王進喜（一九二三～七〇）

彼は、石油ボーリングに携わった作業員である。一九六〇年の春、大慶油田が発見され、空前の規模となる掘削が始まった。大慶油田一二〇五掘削隊の隊長に任命された彼は、同隊を率いて苦難の末、最初の油井を完成し、中国の石油事業において多大な功績をあげた。そのため、「石油の鉄人」と評される。一九六四年、毛沢東が「工業は大慶に学べ」とい

うスローガンを発して以来、彼の「鉄人の精神」はずっと刻苦奮闘のモデルとして人々を鼓舞するものとなっている。

③　焦裕禄（一九二二～六四）

彼は一九六二年一二月から、風砂・アルカリ土壌・冠水の悪条件に悩まされる河南省蘭考県の書記に着任した。肝癌を患ったわが身を顧みず、先頭に立って農村・農業・農民の生産・生活状況をくまなく調査したうえ、農民と寝食をともにして自然災害と闘っていたことで、農民に希望を与え、敬愛されている。

これらの人々と二宮尊徳とをどのように関係づけて道徳再建に生かすかも、これから研究視野に入れるべきではないかと思われる。

これまでの中国人尊徳研究者集団は未だ本格的な形になっているとはいえない。現状、尊徳を研究している人の多くは、その本来の専門が、日本語教育や日本史・日中関係史・日本文化などの研究分野に散らばっており、尊徳研究を専門にしている者がほとんどいない状態である。彼ら異なる研究分野の研究者が、「日本研究」への関心ということで、学術大会があるたびに論文を提出して応援しているようなものであり、常時、尊徳研究に携わっているわけではないのである。

この現状を変えるには、国際二宮尊徳思想学会による学術大会の開催や特集・会誌の刊行を継続し、中国における二宮尊徳研究所を研究基盤として強化しなければならないと思う。これによって真の意味での尊徳研究者が現れ、またそれによる研究集団ができ、社会発展に期待できるような研究成果が生まれる。そして学術大会後、次の一二年間が経過したところで、さらに大きな発展が迎えられるに違いないと信じている。

第4章　安藤昌益の人と思想

——直耕・互性・自然——

三浦忠司

三浦忠司

（みうら　ただし）

1948年，青森県生まれ。
八戸歴史研究会会長，
安藤昌益資料館館長。

青森県五戸町出身。弘前大学を卒業し，教諭を務めた後に1999年から八戸市史の編纂に携わる。八戸市の郷土史家として，八戸歴史研究会の会長を務め，八戸市八日町に2009年オープンした安藤昌益資料館の館長に就任した。著書や監修も多く，主なものに，『八戸三社大祭の歴史』（八戸歴史研究会，2006年），『探訪　八戸の歴史』（八戸歴史研究会，2003年），『南部鍵屋　村井家襖の下張り文書』（鍵屋村井家文書刊行会，2007年），『八戸・三戸今昔写真帖』（郷土出版社，2008年），『八戸藩の歴史をたずねて』（デーリー東北新聞社，2013年），『八戸藩「遠山家日記」の時代』（岩田書院，2012年）などがある。

1　甦る安藤昌益

忘れられた思想家

人間は米などの食物を食べて生きている。この食物を生産しているのは農耕であり、農業である。江戸時代のなかごろ、東北の北端、青森県八戸市と秋田県大館市で、この農業の尊さを説いた人に安藤昌益《あんどうしょうえき》がいる。昌益は「直耕《ちょっこう》」という言葉を武器に農業と自然の原理を理論化し、農業に携わる農民が主役になる社会を構想した。没後、「後世誠に守農《しゅのう》太神《たいじん》と言うべし」として石碑に刻まれ、農民から厚い崇敬を受けていた。

このように農民から神のように敬われ、未来を照らす「眼燈《がんとう》」を掲げた昌益ではあったが、昌益没後二五〇有余年の長い間、昌益は忘れ去られていた。このような昌益を現代に甦らせたのは、狩野亨吉《かのうこうきち》とE・H・ノーマンであった。

狩野は一九〇八年、「大思想家あり」（『内外教育評論』）としてはじめて昌益を世に紹介した。昌益の著作『自然真営道《しぜんしんえいどう》』を古書店から手に入れたところ、徳川幕府を徹底期に排撃する内容に驚いた。はじめは狂人が書いたものかと思ったという。

それから四〇年経った一九五〇年、ノーマンは『忘れられた思想家――安藤昌益のこと』（岩波新書）を出版した。ノーマンは、「封建制に対してはっきり敵対的態度」を示しているのは、日本の歴史上ただ一人安藤昌益だけであり、その思想が「日本の東北の片寄った土地」に生まれていたことを感動を込めて書き上げた。敗戦直後のこの時期、民主的な思想は日本には育っていないという風潮に対して、カナダ人のノーマンが、「日本人が忘れているだけだ。江戸時代にすでに昌益という民主的な思想家が東北の片隅にいたのだ」ということを日本中に知らしめたのである。

こうして昌益は長い歴史の眠りから解き放たれ、「土の思想家」、「農民の哲学者」などといわれながら、現代に登場することになった。それでは、この安藤昌益はどのような思想を語り、どのような生涯を送って現代の私たちに何を伝えようとしていたのであろうか。

直耕農業実践の秋田

昌益は医号を良中《りょうちゅう》といい、確龍堂《かくりゅうどう》とも号した。一七〇三年に秋田二井田《にいだ》村に生まれ、一七六二年一〇月、六〇歳にて同地で亡くなった。昌益の生涯のほとんどは不明だが、だいたい一六～一七歳ごろ仏門に入ったとみられ、そこで修行して三〇歳前後には一人前の僧として印可《いんか》（師僧が弟子の修行者に法を授けて、悟りを得たことを証明認可すること）を授けられ、その後、宗門から離脱して医師に転身したと考えられている。医学は京都で学び、ここで結婚し、その後一〇年ぐらいを京都で過ごしたようである。

秋田県大館市二井田の一角には、「守農太神」と記された昌益の石碑が建てられている。この石碑は江戸時代に取り壊された石碑を一九八三年六月に有志が集まって再建したものである。江戸時代当時の石碑の形状はわかっていないが、石碑の文面は江戸時代に写し取られた石碑銘をもとに忠実に復元したもの

図１　守農太神の石碑

復元された昌益の石碑銘の碑。秋田県大館市二井田。撮影：昆悟志氏。

である。
再建された石碑の冒頭には次の文面が記されている。

羽州秋田比内贄田《にえだ》村、いまだ直耕をなす者なし。ここに安藤与五右衛門《よごえもん》という者生まる。農業に発明し、近人近隣にこれを広め、ついに農業の国郡となす。これより与五兵衛、与五八、与五助、与吉、与蔵、与太郎、与助、与兵衛、与六、与七、右十有余代、ますます豊安に農業仕り来り候。ここに与五作生まる。悪逆の過ちを起こし、先祖を忘却し、十有余代迄の先祖の余類は隣国他国に離散す。ここに先の与五右衛門より四十二代八百二十余年にして、孫左衛門《まござえもん》という者生まる。これ他国に走れども、先祖の亡却を歎き、丹誠をこらし、廃たれる先祖を興し、絶えたる家名を挙ぐ。後世、誠に守農太神と言うべし。

これを意訳すると次のようになる。
その昔、秋田比内《ひない》の二井田村では、いまだ「直耕」をして農業を営む者がいなかった。安藤与五右衛門という農業に優れた者が現れて、農業を盛んにし、やがて村々を豊かな暮らしに導いた。これ以来、安藤家は代々農業で身を立て、十有余代にわたり繁栄してきた。ところが、悪逆した与五作の代で、家業が傾き、一家は隣国や他国に離散してしまった。その後、初代より四二代目、八二〇余年過ぎて孫左衛門が生まれた。孫左衛門はいったんは他国で暮らしていたが、やがて二井田村に戻ってきた。そのとき、先祖の功績が忘れ去られていることを嘆き、丹誠をこらして先祖の実践した直耕農業を復興し、絶えていた家名を再興したのである。この人こそが紛れもなく後の世までも「守農太神」と讃えられるべき人である。

この直耕する農業を復興させた安藤孫左衛門こそが、安藤昌益その人なのである。

ここには「四十二代八百二十余年」という誇張もあるが、孫左衛門の代に至り、他国に一時暮らしていたものの、やがて二井田村の先祖の地に舞い戻り、この地で直耕農業を村人に伝え、農業興隆に力を尽くした。このため後世までも「守農太神」と呼ばれるようになった、と語っている。

石碑に他国で暮らしたと記すのは、京都や八戸で暮らしていたことを示唆し、農業復興により家名を再興したことは、二井田の安藤家を相続して農業に従事したことを意味する。そして「守農太神」と称賛されているのは、農業実践を通して村人の中に入り込み、八戸で深めた天道と直耕農業の関わり合いを丹念に村人に説き、尊敬を受けていたことを伝えている。

さらに続いて石碑の後半部には次のように記されている。

天の道（天道《てんどう》）は与えることはするが奪い取ることはしない。それは何によってわかるのであろうか。何よりも天地こそが天の真（天真《てんしん》）の姿そのものである。天地の東北の方位は進木《もく》という気が運行し、それは身体でいえば天真の左足にあたり、季節で言えば初春（進春）にあたる。農業においては、草木を温もり、芽生えさせるという直耕を営む。

東の方位は退木という気が運行し、それは身体でいえば天真の腹にあたり、季節でいえば晩春（退春）にあたる。農業においては、草木を穏やかに生じさせるという直耕を営む。

東南の方位は進火《か》という気が運行し、それは身体でいえば天真の左手にあたり、季節でいえば初夏（進夏）にあたる。農業においては、草木を最初に発育させるという直耕を営む。

南の方位は退火という気が運行し、それは身体でいえば天真の胸にあたり、季節でいえば晩夏（退夏）にあたる。農業においては、草木を盛んに成育させるという直耕を営む。

南西の方位は進金《きん》という気が運行し、それは身体で言えば天真の右手に当たり、季節で言えば初秋（進秋）に当たる。農業においては、草木が実り始めるという直耕を営む。

西の方位は退金という気が運行し、それは身体でいえば天真のうなじにあたり、季節でいえば晩秋（退秋）にあたる。農業においては、実りの取り入れをするという直耕を営む。

西北の方位は進水《すい》という気が運行し、それは身体でいえば天真の右足にあたり、季節でいえば初冬（進冬）にあたる。農業においては、草木を枯れ始めさせるという直耕を営む。

北の方位は退水という気が運行し、それは身体でいえば天真の腰にあたり、季節でいえば晩冬（退冬）にあたる。農業においては、草木を枯れ尽くしてしまうという直耕を営む。

このような営みが天真の姿であり、天真が行う直耕なのである。

この後半部の内容は、「天地の直耕」は四行八気《しぎょうはっき》が運行して万物を生み出していく、その営みであることを述べている。

つまり、天地の東・西・南・北の方位を木・火・金・水という四行が進んだり、退いたりして八気となって相互に昇り降りして運回する。八気は人間の足・腹などの器官とともに、春から冬の季節を生み出し、それが季節ごとに万物を次々と生成させていく。一年の時候の流れである初春－晩春、初夏－晩夏、初秋－晩秋、初冬－晩冬の各季節においては、農作物を温初－穏生、発育－盛育、初実－実収、初枯－枯蔵させるというように、直耕の営みが次々と作物を生み出していくのである。これが「天地の直耕」の姿であり、「天真の直耕」の働きなのである。このように石碑は語っている。

ここでは、始めもなく、終わりもなく絶えることなく続く「天地の直耕」にしたがって、農民が春から冬までの一年間の農作業を行うことが、天道にかなった「直耕農業」であるというのである。これには聖人《せいじん》批判で代表されるような昌益の儒教や仏教批判もないし、「耕さず貪《むさぼ》り食う」武士支配の政治体制への批判も見えない。ただ「穀を耕し穀を食い、食して耕し、耕して食う」という直耕農業をひたすら論じているのみである。

二井田村における昌益は、深奥な思想を内に秘めながら、ひたすら天道と直耕にしたがって農業を行うことの大切さを村人に教え説いていたのである。

石碑建立をめぐる紛争

昌益が二井田村に戻ってきた理由は何であろうか。それは安藤孫左衛門家の跡取りが亡くなり、跡を継ぐ者がおらず、家系が断絶するというせっぱ詰まった手紙を受け取っていたことによる。昌益がこの地に立つのは、恐らく幼少期に故郷を旅立って以来、はじめてのことであったろう。

昌益が八戸から二井田に移住したのは、一七五八年七月ごろと考えられている。この年の七月には、八戸では、昌益に代わって息子の周伯《しゅうはく》が八戸藩士北田市右衛門を治療しているので（宝暦八年七月二七日条八戸藩日記）、この治療時点には、すでに昌益は八戸から立ち去っていたと考えられる。昌益五六歳のときである。

昌益は八戸を旅立つにあたり、町医者をしていた周伯のもとに妻と二人の娘を託した。妻を八戸に残したのは、京都育ちの妻を二井田の片田舎に連れて行くことに躊躇したほかに、村で直耕を実践するにあたり、村々で起こるかもしれない種々のあつれきから、妻や娘たちを守ろうとしたのではなかろうか。実際に昌益の死後、二井田村では紛争が起きることになる。

単身で二井田に移住した昌益は、ここで孫左衛門を襲名し、やがて養子をもらって安藤家の「目跡《めあと》」（名跡）を継がせた。後にこの養子も孫左衛門を名乗ることになる。これ以後、昌益は一七六二年一〇月一四日に六〇歳で病気で亡くなるまでの五年間、この地で生活することになる。

昌益が晩年、二井田で活動する様子を記したものに「掠職《かすみしょく》手記」がある。「掠職」とは修験者（山伏）のことであるが、この手記は掠職の聖導院《しょうどういん》が昌益の門弟たちとの争論を書き留めたものである。これには昌益やその門弟たちの目に余る悪行が書き連ねられている。

ここではこの手記にもとづいて昌益とその弟子たちの行動を見てみよう。

昌益の三回忌のことである。一七六四年一〇月一三日の晩から一四日の朝にかけて、昌益の跡を継いだ孫左衛門が菩提寺の温泉寺《おんせんじ》住職に頼んで法要を営んだ。昌益は生前、村の「若勢《わかぜ》」（住み込みの雇い人）を養子に入れて跡を継がせていた。この法要には昌益の門弟も招かれたが、孫左衛門宅では夕飯に「魚物料理」を振舞って「祝儀」の宴を開いた。

これを後日、聞きつけた住職が孫左衛門を呼びつけ、どんな理由で魚料理の振舞いをしたのかと問いつめた。孫左衛門はそのようなことをした覚えがない、門弟たちが勝手に食ったかもしれないと答えるばかりであった。

そこで、さらに問いただした。孫左衛門の屋敷裏に石碑らしいものが建っているが、それは何なのか。孫左衛門は何も知らない、門弟たちがしたことではないかと答えた。石碑の文面を出すように言いつけたが、埒が明かないので、人をやって写し取らせた。そうしたところ、石碑の文面は一五行あり、あまりに細字で書き取れなかったが、石堂には「守農太神確龍堂良中先生」と書いてあったと報告を受けた。

住職はこれらの顚末を他所に出掛けて留守していた掠職の聖導院に伝えた。聖導院は勝手に「守農太神」の神号を使ったことは捨ててはおけない、石碑や石堂を建てた所は自分の管理する伊勢堂古社地であるとして、孫左衛門らを呼び出した。これらについて再度問いつめた。やはり孫左衛門は一切自分は知らない、門弟たちがしたことであると繰り返した。そこで、門弟たちの名簿と石碑銘の写しを提出するようにきつく申しつけた。

村役人の肝煎《きもいり》たちは、このまま騒ぎが大きくなると「一村潰れ」に及んでしまう、郷中《ちゅう》にて孫左衛門や門弟を救いたいとして、聖導院に対して、石碑の処置は当方に任せてもらい、社地は元通りにして返したいと願い出た。そして、当初出し渋っていた門弟一〇人の名簿を提出するとともに、肝煎立ち会いのもとで、聖導院と門弟たちとの話し合いが持たれることになった。

話し合いのなかで、「『守農太神』の神号は誰からも授与されたものではない。昌益が存命中に書き残していたものである。石碑は公儀に願い出て建てたものではなく、建立の際には御神酒《おみき》を振る舞って自分たちで『神祭』を催した」ということが明らかになった。肝煎らは郷中にて内済《ないさい》で解決したいので表向きにして欲しくないと再度願った。

しかし、聖導院はこれらの所業は許し難い。門弟の中には一ノ関重兵衛、安達清左衛門、中沢長左衛門などといった苗字を持ち、村を取り仕切るような長百姓《おとなひゃくしょう》も入っていたから、強い危機感を抱いた。

そもそも昌益が当所に来てから五年の間は、ひどいことばかりが行われるようになった。「近年、村々を徘徊して邪法を執り行い、郷人を相惑わす」ありさまである。今まで家々では、日待ちや月待ち、幣白《へいはく》の神事や祭礼などをしていたが、昌益はこれらの宗教行事を信じてはいけないといい、一切取り止めた。そのほかにも庚申《こうしん》待ちや伊勢講《こう》・愛宕《あたご》講なども中止させられた。

神社や寺院は祈願所、菩提寺というものの、名前ばかりで、まったく有名無実のありさまとなっている。これでは自分たち神事職の生活はまったく成り立たない。捨ててはおけないので、お上に裁断を仰ぎたいと聖導院は決意した。

しかし、内輪で解決することを願った肝煎や門弟たちは、近くの村にある三カ寺にも調停の取り成しを依頼して聖導院の説得にあたるなど手を尽くした。その結果、この紛争は昌益の石碑を郷中で打ち砕くこと、孫左衛門一家は門人を含めた紛争の責任を負って郷《ごう》払《ばらい》（追放）とし、家屋敷を打ち壊すことということで、ひとまず郷中限りで解決をみることになった。

翌一七六五年三月、代官はこれらの紛争処理を受けて、あらためて村々へ処分の申し渡しを行った。当事者の孫左衛門は郷払されたのであるから、村への立ち入りは厳しく禁ずること、「昌益弟子」の医者玄秀《げんしゅう》は昌益につながっているから、早々に追放して本所の鶴形村に返すこと、村の郷払処分はお上の裁断を得ずに行ったが今回はお咎めなしとすること、などを申し渡した。

代官の命令により追放された玄秀は故郷の鶴形《つるがた》村（秋田県能代市）に立ち戻り、医者としての生涯を終えることになるが、代官から厳しく立ち入りを禁じられた孫左衛門一家は、やがて二井田村に戻ってくることが許されたようである。

直耕を説く昌益

昌益が二井田に住んだ五年の間、神職や僧侶たちの目には、「昌益は邪法を執り行い、村人を相惑わしている」と映っていた。「村々の家ごとの日待ちや月待ち、幣白の神事や祭礼などの宗教行事は信じてはいけない。庚申待ちや伊勢講・愛宕講などの催しも行う必要はない」などと、許し難い教えを説いていたのである。

昌益が「邪法」を説いていると宗教者の目に映っていたということは、昌益がまず二井田村で力を入れて取り組んだのは、因習に満ちた伝統的な宗教行事をやめさせることであった。昌益によれば、宗教は「不耕貪食《ふこうどんしょく》」する聖人が勝手にこしらえ、民衆をたぶらかす「私法《わたくしのこしらえ》」そのものであった。農村であればあるほど神社寺院は村民と深いつながりを持っていたから、これからまず村民を解き放とうとしたのであろう。

村人に伝統的な宗教行事をやめさせ、それが神職の生活を脅かすほどになっていたというから、昌益の教えは門弟のみならず、もっと広く一般農民にも強い影響を与えていたと考えられる。昌益の門弟は名前が判明しているのは一〇人であるが、その多くは苗字を持つような村の指導的立場にある上層階層の農民である。

また昌益が跡を継いだ孫左衛門家も、初代の与五右衛門が「農業に発明」していたというから、灌漑用水を引いて開田を行うような村の草分け的な百姓の家柄であったはずである。恐らく初代から連綿として二井田では重きをなしていた農家であったろう。昌益の門弟や昌益家が村の重立ちクラスの豪農であったことは、それだけ一般村民への影響が強いということになる。昌益は社会改革的な宗教活動を行いながら、石碑銘に書かれているように門弟や村民たちに、自然と一体となって直耕農業を行うことの大切さを説いていたのである。

石碑文の結びには、次のようにその教えの偉大さについて述べている。

始まりも終わりもない気の運行によって、絶えることなく天道が営まれていることは、人々が目のあたりにしていることである。

しかしながら、三万年もの間、この天道を明らかにした者はいなかったし、天下広しといえどもこれを知る者がいない。人々が生まれつき備わっている顔の八器官に、木・火・金・水の四行が進んだり、退いたりして相互に関連して八気として働いている様子は、天真の見事な神気の働きであることを知っている者がいない。したがって、天真の妙道である農業が廃れてしまったのである。

図２　昌益の墓碑

右側が最初の墓碑で，左側が後年に立て直された墓碑。秋田県大館市二井田，温泉寺。

撮影：昆悟志氏。

自分はこれを悲しみ、天真にかなった道とは、直耕農業の営みとまったく同一のことであることを明らかにした。これを後世のために書き残すのである。

昌益は、農業の経験や農業技術では、長年土を耕してきた農民には及ばない。その教えは、自然運行の摂理と直耕の営み、互性《ごせい》における自然と人間の相互依存関係、「直耕の真人」たる農民の尊さなど、あくまでも自然界を貫いている原理や法則を説くことに置かれていたと思われる。昌益の門弟は、村の指導的立場にある豪農であったから、昌益の農業に対する考え方は徐々に豪農から一般農民の間に浸透していくようになったのであろう。

そうでなければ、昌益の死後、門弟の手になるとはいえ、「守農太神」の石碑を村内に祀ることを村民が許すはずがない。昌益が死んでも依然として村人の心の中には昌益の教えが生きていたのである。このことがなおさら村の宗教指導者たちに危機を募らせた要因にもなった。

八戸から二井田へ移住してきた昌益には、やり残していた仕事があった。それは八戸で到達した思想を集大成することである。一〇〇巻を超える『自然真営道』の巻頭を飾るにふさわしい「大序《たいじょ》」巻を書き上げなければならなかった。書き上げると、その原稿は八戸の神山仙確《かみやませんかく》のもとへ送られ、清書される手はずになっていた。そのため、最後の著作を執筆しながら、一方ではその思想を村の門弟へ伝授する仕事が行われていたことになる。そしてついには、死後であるが、神のような存在にまで高められることになった。

ところで、昌益の墓碑にまつわる言い伝えが現在まで受け継がれている。昌益は二井田の温泉寺の墓地に葬られているが、寺社の精神界での役割を否定したためであろうか、墓碑は誰かによって後ろ向きや横向きにされることが多かったという。また墓石の表面が本堂を向いていても、お寺が嫌だといって後ろ向きになり、始末に終えないので本堂を背にして墓石を立て直したとの話も伝えられている。昌益死すとも、思想が死なずということであろうか。昌益らしい逸話である。

2　昌益思想誕生の八戸

昌益の八戸への出現

昌益は一七四四年に突如八戸《はちのへ》藩の城下町八戸に町医者として姿を現した。四二歳のときである。これ以後、一七五八年に故郷二井田へ帰るまでの一五年間、東北の八戸の地で暮らした。そして、八戸に在住して八年経った一七五二年に『統道真伝《とうどうしんでん》』五巻五冊、稿本《こうほん》（原稿ままの本）『自然真営道』一〇一巻九三冊（現存一五巻一五冊、うち三巻三冊は写本）、刊本《かんぽん》（発刊された本）『自然真営道』三巻三冊の執筆を始めた。翌一七五三年には、『自然真営道』三巻三冊（刊本）を京都の書林小川源兵衛から刊行した。これらはすべて八戸在住時代に書いたり、出版したものである。

昌益が八戸に居住していたことが判明したのは、八戸藩日記の記事によってである。一七四四年八月九日条の八戸藩日記に、櫛引《くしひき》八幡宮の流鏑馬《やぶさめ》に来た遠野南部家の射手が病気になり、藩から昌益が治療を命じられていたのである。

一、射手病気につき、御町医安藤昌益、去る六日より療治申し付け（延享元年八月九日条八戸藩日記）

「流鏑馬の射手が病気になったので、町医者安藤昌益に去る六日より治療を命じた」という。

一、八戸弾正殿役者三人、先頃病気にて御町医安藤正益に療治申し付け、快気仕《つかまつ》り候に付き、薬礼として金百疋《ぴき》正益へ差し出し候ところ、上より仰せ付けられ候儀故、受納仕らず由、御奉行に申し出る（延享元年八月一五日条八戸藩日記）

「遠野南部家の射手三人が病気になり、町医者安藤昌益に治療を命じたところ快気したので、薬礼として金百疋（銭千文）を昌益へ差し出した。ところが昌益は、これはお上から命じられたことなので、受け取ることができないと奉行に申し出た」という。

昌益はこの射手の治療のほかにも、長く病気を患っていた家老中里清右衛門を治療して快方に向かわせたことが、一七四五年二月二九日条の八戸藩日記に記されていた。

これらの記事によって「御町医安藤昌益」が確かに八戸にいたことが証明されたのである。かつては昌益の著作があまりにラジカルなので、現代人が執筆したのではないかといわれ、昌益の実在が疑問視されたこともあったが、八戸藩日記の記事によって昌益の八戸での存在が明らかになった。

昌益の家族構成は、八戸藩の宗門改帳《しゅうもんあらためちょう》で知ることができる。一七四六年の宗門改帳によれば、八戸城下の十三日町《じゅうさんにちまち》の項に「同宗同寺（門徒　願栄寺）　同組　昌益　四十四

有人〆五人　内男弐人女三人」と記されている。つまり、八戸在住時代の昌益は十三日町に居住し、浄土真宗願栄寺《がんえいじ》の檀家として男二人女三人の五人家族で生活しており、四四歳という年齢であった。十三日町という町内は八戸城下町の豪商が軒を連ねる繁華街である。はじめて八戸に来た人はなかなか住める場所ではないが、昌益がここに持ち家を構えて住んでいたことになる。

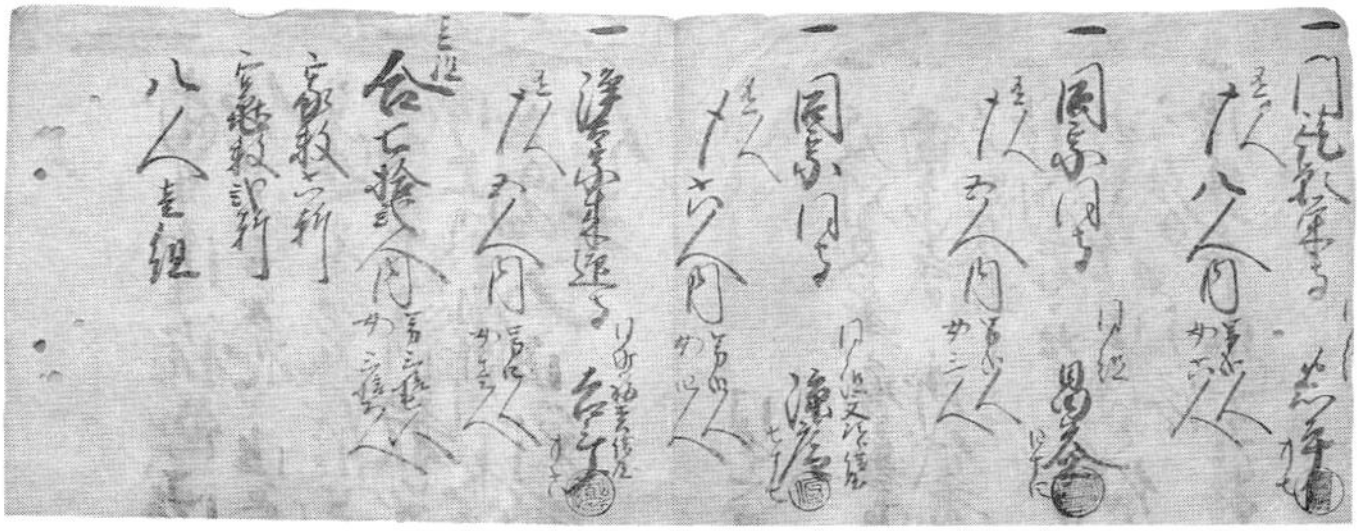

図３　延享３年（1746）宗門改帳にみえる昌益
八戸市立図書館所蔵。

年齢は四四歳と記載されているので、昌益の誕生はこれから逆算して一七〇三年、和暦で元禄一六年の生まれとの推定が可能となった（数え歳の計算）。昌益の生涯では、その半生はほとんどわかっていないが、八戸にいたこの時期、居住場所や家族構成、年齢などが明らかになったのである。

八戸来住の理由

それでは、なぜ八戸に昌益が来たのであろうか。昌益は京都で医学を修めた後、江戸に向かい、ここで八戸藩の医師と知り合って八戸に下ることを決心したと考えられている。八戸藩の医師とは、藩医（藩に仕える医師）の神山仙益《せんえき》ではないかとみられている。後年昌益の高弟となる神山仙庵《せんあん》（のち仙確と号す）の父である。ちょうど仙益は、昌益が八戸に下る三年ほど前の一七四〇年六月から翌一七四一年正月まで江戸で勤番勤めをしていた。この折、昌益と出会ったのであろう。

仙益の子である仙庵は、昌益が八戸に来るやいなや、昌益のもとに出入りし、やがて昌益一門の高弟となり、昌益の号である確龍堂から一字もらい仙確と号することになる。昌益との出会いは父の縁があってからこそのつながりであろう。したがって、昌益を八戸に招こうとして江戸で熱心に要請したのは仙益であったと思われる。

そのほかにも、昌益との縁は、藩医筆頭格の側医《そばい》（藩主診察の医師）である仙益でなければならない理由がある。それは先述のように、昌益が八戸に移住して間もないときに、遠野南部家の流鏑馬の射手の病気治療を命じられていることである。本来、町医者は武家の治療をしないのが普通であるのに、多くの藩医がいるなかで、町医者の昌益が選ばれて治療をしているのである。腕のいい町医者がいたとしても、藩医を押しのけて治療させることができるのは、藩医筆頭の仙益の強い推挙がなければ難しかったであろう。

さらにまた、昌益が八戸に来たとき、八戸城下の中心街に家を持ったという事実がある。これは藩のなかに有力な後援者がいなければできないことである。この持ち家の斡旋は仙益でなくてもよいわけであるが、京都出身である医師を町の中心街で売り出そうと考えたのは、医師仲間の仙益ならではの配慮であったし、何よりも江戸から招いた本人の責務でもあったのである。このようなことから、昌益を八戸に招請したのは仙庵の父である仙益ではないかと想像される。

では、昌益はなぜ京都から江戸に向かい、東北の八戸に来ることにしたのか。これも想像の域を脱してはいないが、八戸に住んでいたとき、昌益のもとに故郷の秋田二井田から安藤家に跡継ぎがいないので昌益に帰って来てほしいとの書状が届いていた。

このような書状から考えると、昌益が京都から江戸へ出発したのは、故郷の二井田へ向かおうとしてのことであった。それが、江戸滞在中に八戸藩医と知り合い、大館二井田に向かうのであれば、故郷に近い八戸に一時的に住んでみないか、と声をかけられたのではなかろうか。昌益の医師としての技量のほかに、人物や識見が見込まれて熱心に口説かれたのであろう。

昌益にとっても、八戸はまったく見ず知らずの土地ではなかった。故郷二井田の隣接地は八戸南部家の本家筋の盛岡南部領の鹿角《かづの》地方（花輪《はなわ》、毛馬内《けまない》）であり、ここは秋田藩領の二井田とは藩境を越えて人やものの往来が頻繁に行われていた。鹿角へは八戸藩領から塩や鉄、木綿などの物資も流入していたから、八戸とも親近感があったはずである。それにもまして、昌益に魅力を感じさせたのは、八戸は小たりといえども二万石の八戸藩の城下町であったことである。

八戸は、参勤交代の藩士や商用で商人たちが江戸と往復する交通繁多な土地であり、しかも近くに港を擁していて、廻船《かいせん》が江戸と頻繁に往来して書物をはじめ多くの文物をもたらす豊かな港町であった。そこには、多くの知識人との出会いが予感された。このような環境が学問をする昌益にとっては大きな魅力であったと思われる。

秋田帰郷にあたって八戸に一時的に滞在するつもりが、八戸での社会的体験・悲惨な飢饉を契機に著作の執筆を始めるにつれ、それが一五年もの長きにわたり、八戸に住むことになった。これが八戸に来住し、そのまま居住した理由であったと思われる。

昌益の家族

先に述べたとおり、昌益は家族五人で八戸の十三日町に住んでいた。昌益の家族は男二人に女三人であった。男一人と女一人は昌益と妻にあたるから、子供は息子一人に、娘二人がいたことになる。

昌益の妻は名前がわからない。恐らく京都で知り合い、京都から来たであろうと考えられている。昌益は古今東西の書物を読み、博学な知識を蓄えていたので、本が常時たくさんある出版関係者の家に出入りしていたのではないか。そうして、そこの娘なり縁者を妻に迎えたのではなかろうか。昌益は『自然真営道』（刊本）を京都の小川源兵衛から刊行しているが、八戸の在住者が京都で本を出版するなどということは、当時では、特別な縁故がない限り難しかったはずである。そうすれば、この版元の小川屋ないしその縁者が妻の実家であったと思われる。

一方、子供のうち息子は周伯と名乗っていたと思われる。後述する『山脇《やまわき》家門人帳』の入門年齢から数えると、八戸に昌益が来た延享元年には、まだ九歳にすぎなかった。昌益は一七五八年に単身で二井田に移住することになるが、このとき以来、成人した周伯が八戸で町医者をして生計を立てていたようである。一七五八年七月に町医者安藤周伯が八戸藩士を治療しているのが八戸藩日記にみえているが、この周伯が昌益の息子だとみられている。

昌益死後、一七六三年に周伯は母と連れだって医学修行のために上方に行きたいと藩へ通行証文を願い出た（同年二月二九日条八戸藩日記）。同年一二月には、周伯は江戸において京都の医家山脇家の入門手続きを取り、山脇家に入門した。山脇東門《とうもん》の『山脇家門人帳』（宝暦一三年一二月条）には、「陸奥南部　安藤周伯　享嘉　廿八歳」が江戸において入門手続きを取ったことが記されている。

入門時の年齢は二八歳であったから、昌益が二井田に帰郷した時の周伯の年齢は二三歳であり、八戸にやって来たときは、九歳に数えられる。そうすると、昌益が三三歳の時に生まれた子供となる。ちょうど医学修業を始めたころにあたる。

娘については、とくに記録もなく年齢もわからない。ただ母と一緒に上方へ登っていないので、八戸のどこかに縁づいたのかもしれない。医者の仲間に嫁いだものであろうか。ところで、周伯が入門した山脇東門は、当代一流の古医方《こいほう》（古方《こほう》）の大家山脇東洋《とうよう》の子である。東洋は、『解体新書』（一七七四年刊）以前の一七五四年に、日本で最初に人体解剖を行って全国の医家に名が知られ、その跡継ぎの東門もしばしば解剖を試みて名声を得ていた。昌益は古医方と対立する後世方別派《ごせいほうべっぱ》の医学を学び、古医方の治療方法を強く批判していたが、周伯は父とは違う古医方の道を選び、山脇家から古医方の医学を学んでいたことになる。ただし、医学修業の後の周伯の足どりは杳《よう》として知れない。

3　八戸の人々との交流

天聖寺での講演

昌益は、一七四四年夏までには、八戸に移住してきたと考えられている。昌益が八戸にやってくると、八戸の知識人たちと親交を結ぶようになる。天聖寺の八世住職である則誉《そくよ》守西《しゅさい》や九世住職延誉擔阿《えんよたんあ》を中心としながら、藩士の岡本高茂《たかしげ》をはじめ、仙益の息子の神山仙庵、藩医の関諄甫《じゅんぽ》とその息子関立竹《りっちく》、さらには寺僧の法光寺《ほうこうじ》住職充胤大棟《とういんたいとう》、南宗寺《なんしゅうじ》住職関龍祖雄《せきりゅうそゆう》、禅源寺《ぜんげんじ》住職大江東義《たいこうとうぎ》などと交遊を始めた。移住したころの昌益は、「濡儒安《じゅじゅあん》先生」（儒者の安藤先生）と周囲から敬愛を込めて呼ばれており、博識な儒学者として知られていた。

なかでも岡本高茂は江戸から八戸藩士岡本家に養子に入った人物で、江戸堂上《どうじょう》派（公家の伝統和歌の流派）に連なる歌人であった。昌益とは話が合ったらしく天聖寺住職らとともに岡本家に招かれ、「寛談」（歓談）を重ねていた。

天聖寺住職が一七四四年に記録した『詩文聞書記』には、昌益が詠んだ漢歌と和歌が記されている。いずれも面白おかしく、戯れで詠んだもののようである。

漢歌は「漢歌風雨の韻を拝す」という題で、「鯇鰤《あめぶり》は、鱧鱒《ももみずます》、鯵鮗《あじこち》に、鮒鯉《ふなびとこい》し、越《こ》鯖鰆《さばさわら》じ」と作り、和歌は「人のあかほどに　吾が身の恥ずかしや　風呂屋の　火たき見るにつけても」と作歌した。前者は魚字を使って降雨による河川増水の様子を描き、後者は取るに足りない自分自身の身上を歌っている。これらからは、学問一筋の昌益とは一風違った、当意即妙な文才をかいまみることができよう。

一七四五年一二月のころ、昌益は請われて住居に近い天聖寺において数日間にわたる講演を行った。このとき、昌益ははじめて八戸の人に自らの思想を語ったが、講演を聴いた天聖寺前住職の則誉守西は、感銘を受けて次のように書き残している。

数日講演の師、大医元公《たいいげんこう》昌益、道の広きことは天外にもなお聞こえん。徳の深きことを顧みれば地徳もなお浅し。道・徳無為にして衆人に勧め、実道に入らしむること、古聖にも秀でたらん者なり。（『詩文聞書記』）

「数日にわたり講演した師、名医昌益大公は、身につけた道の広大であることは、はるか遠くの天の外にも聞こえるほどであり、徳の深いことは大地の徳も及ばないほどである。道や徳を作りごとせずに衆人に勧め、真実の道に入らせようとすることは、古えの聖人よりも優れている」というのである。

さらに賛辞の漢詩も書き残した。漢詩文には、次のように作詩して講演内容を讃えている。

心理は郭然（広い）として釈門（釈尊のお教え）に通じ
修得し得た衆人（講演を聞いた人々）は喜び幾重にも光り輝き
即今、自然の意味はひとえに明らかなり
東西にも移せず（どこにも伝えられないが）無為の緄《あや》（何をせずとも美しい模様）となることを

詩文の「自然」の文言からは、後年に昌益が説く「自然（ひとりする）」が連想され、八戸来住時にはすでに「自然」の言葉に関心を持って講演をしていたことが知られる。

ところで、守西は南部領内の三十三観音巡礼の道を定め『奥州南部糠部《ぬかのぶ》順礼次第』を著した人であり、人々に信仰の道を説いた八戸きっての学者である。その守西でさえ昌益の学識の深さには驚いたのである。

図４　「昌益思想発祥の地」の碑

青森県八戸市十六日町，天聖寺境内。
撮影：昆悟志氏。

昌益の勉強会

学殖の深い昌益であってみれば、八戸の彼の周りには、八戸城下の知識人というような人たちが知的欲求を求めて集まってきたと考えられる。城下の知識人とは藩士であり、僧侶や神官、そして商人たちであった。もちろん医師仲間もいたであろう。

八戸に在住して数年すると、『統道真伝』や『自然真営道』などの執筆を始め、社会のあり方に疑問を発するようになる。しかし、執筆に取りかかる以前から思想は徐々に深められ熟成していく。そうすると、思想を検証するために勉強会のような会合が門弟といわれる仲間たちと開かれるようになったと思われる。

八戸在住当時の門弟は、年代不詳の年始状から知ることができる。関立竹、上田祐専《ゆうせん》、福田六郎、中居伊勢守、高橋大和守、神山仙庵、島守伊兵衛、北田忠之丞、沢本徳兵衛、中村忠平、中村右助、村井彦兵衛などの名前が書き連ねられている。関・上田・神山は藩医であり、福田・北田は藩士、中居・高橋は神官、島守・中村二人・村井は商人である（沢本は不明）。昌益医学にひかれた藩医は当然であるが、藩医、藩士、神官、商人という城下身分を構成する代表的な知識人たちである。もちろん門弟でなくとも、昌益の周辺には則誉守西のような僧侶もいた。

これらの門弟の内、後年「良演哲論《りょうえんてつろん》」巻にある八戸シンポジウムへ参加する者は、神山、福田、北田、高橋、中村（右助）、島守である。彼らは門弟のなかでも選りすぐりの者であったのであろう。なお中村忠平は昌益の隣家に住み、中村右助は忠平の隣家にいた中村忠兵衛の息子で、忠平の甥であった。

門弟たちはテーマごとに昌益思想をまとめたテキストを作成し、これをもとに議論を重ねていた。このような議論に使われたとみられる一枚の切紙《きりがみ》が八戸藩士の家から見つかっている。年不詳だが、「確龍先生自然数妙天地象図《しぜんすうみょうてんちしょうず》」というものである。確龍先生とは確龍堂と号した昌益のことなので、いわば昌益先生の教えを説いた図ということになる。

内容は天地の大きさや成り立ちについて図を描いて解説したものである。この図の作成年代は、刊本『自然真営道』を執筆して社会批判を始める一七五二～五三年ごろのものと考えられるが、このようなテキストが議論するために用意されたものと推測される。知識欲に燃えた当時の八戸の人々が、昌益のもとに集まって議論している様子がうかがわれるのである。

また「転《てん》(天)真敬会祭文《しんけいかいさいもん》」という注解書も残されている。昌益が八戸にいたころであろうか。それとも八戸を去ってからか、あるいは死後かもしれない。門弟たちが集まって「転真敬会」という名前の会合を開いていた。会合では、昌益思想を述べた祭文(神仏の霊に告げる言葉)ごとに門弟たちが意見を述べ、これに解説をつけたのがこの注解書である。

たとえば、「それ真の徳、何を以《もっ》てかこれを敬し、いずれを以てかこれを祭らん。人といえることは男女の言いして、男女にして人なり」という祭文を掲げ、これを門弟たちが注釈をつけて解説している。祭文はみんなで朗読したかもしれない。これも八戸における門弟たちの勉強会の様子を伝えるものである。

このような勉強会での議論は炉端のような所で行われたのではなかろうか。彼の著作のなかには、炉端についての記述がよく出てくる。「炉を以て転（天）下一般の備わりを知る論」（稿本『自然真営道』良演哲論巻）などと、「炉」にたとえて理論を説明する個所が多くみえている。これは、このような身近な炉端に座って昌益と門弟たちが討論をしたことを示唆しているように思われる。

いずれにしても、あるときには天聖寺に足を運び、あるいは自らの住居ないしは誰かの家の炉端に集まり、談論風発して互いに啓発しあう集まりが持たれたのであろう。このような天聖寺における講演とそれに続く八戸の人たちの相互交流の輪のなかで、昌益はしだいにその思想を育み、成熟させることになるのである。

八戸の先覚者の生き方

昌益の思想形成に大きな影響を与えたのは、昌益の周りに集まってきた人たちとの議論だけではない。この時代の八戸の先覚者たちの生き方も影響したのではなかろうか。それは直接的な影響ではないにしても、人間のよりよい生き方や幸せとは何かを考える視点になったと思われる。

天聖寺の則誉守西は住職を隠居した後に、糠部三十三観音の巡礼の旅に出て、『奥州南部糠部順礼次第』を著した。檀家制度が確立し、寺院信仰が形骸化しつつあった時代に、守西は寺院活動によらず、一人で人々を巡礼の道にいざない、信仰の本質をみきわめようとした。

守西以外にも、階上町《はしかみ》（青森県）寺下《てらした》観音堂の津要玄梁《しんようげんりょう》は寄進を募りながら独力で五重塔を建立し、衆生《しゅじょう》を救おうと発願《ほつがん》していた。常海丁《じょうかいちょう》（八戸市）にいた真法恵賢《しんぽうえけん》は自らの石像を領内の各所に作り、石像を一心に祈ることにより民衆に安心立命の境地に至らせようと努力した。

また宮古街道の改修工事を独力で成し遂げた人に鞭牛《べんぎゅう》和尚がいる。鞭牛は昌益が八戸にいた時代に領内種市《たねいち》（岩手県洋野町城内）の東長寺《とうちょうじ》の住職をしていた。昌益と面識があったかはっきりしないが、鞭牛が釜石（岩手県）や宮古（同県）に移住してからは、村人の通行困難を解消するために方々の街道を普請する土木事業に取り組んだ。

守西や玄梁らの八戸の先覚者たちは実践を通して信仰の根本的なあり方を問い、独力で人々の救済に力を尽くした。昌益も、武士が支配する社会を批判しながら、結局、社会と人間のよりよい生き方を追い求めていた。彼らと昌益とは方法は異なるが、社会における人間のよりよい生き方は何なのかを追求するという点では、共通するものがあったと思われる。

このように昌益が八戸に在住していた宝暦年間（一七五一～六三）には、八戸には実践活動を通して社会のあり方や個人の生き方を追求していた多彩な人物がいたのである。周辺に多彩な人物がいたからこそ、昌益はそのすそ野を大きく広げることができ、広いすそ野の上に高い思想の峰を形作ることができたと考えられる。

4　社会変革思想の契機

猪飢饉の発生

天聖寺で講演したころの昌益はたんに博学な物知りの医者にすぎず、社会変革の思想家ではなかった。ところが、八戸に来て五～六年すると、激しく社会批判をするようになる。それはなぜであろうか。

昌益思想の背景には東北地方の悲惨な飢饉があると指摘されている。昌益の著作には飢饉のなまなましい状況が記されているのである。

六月寒冷して諸穀実のらず、あるいは旱魃して衆穀《しゅうこく》、不熟《ふじゅく》・焦枯《しょうこ》し、凶年して衆人餓死し、あるいは疫癘《えきれい》して多く人死し、転下《てんか》、皆死にの患いをなす。（稿本『自然真営道』大序巻）

「夏六月になっても寒冷であり、諸穀は実らない。あるいはひでりとなってすべての穀物は熟さず、枯れてしまう。このような凶作や飢饉が起きると、人々は餓死したり、疫病にかかって多くの人が死んでいく。この世の人はみな死に絶えるのではないかと思うほどに、悲惨である」。

当時の八戸は一七四四年の風水害、一七四七年の凶作、一七四九年の飢饉、一七五五年の飢饉と、凶作や飢饉がしばしば起きていた。このなかで昌益に衝撃を与えたのは一七四九年の飢饉であったのではなかろうか。

この飢饉は当時の飢饉報告書である『天明卯辰簗《てんめいうたつやな》』に「猪飢渇《いのししけかじ》」「猪飢饉《いのししききん》」と記されている特異な飢饉であった。猪が異常発生して、田畑を荒らし回り、耕作している農民を三〇〇〇人以上も飢え死にさせたというすさまじいものである。

このころから昌益は社会批判を急展開する。一七五二年から『統道真伝』や稿本『自然

図５　八戸城下に近い山寺の飢饉供養塔
青森県八戸市糠塚，天聖寺山寺霊園。
撮影：昆悟志氏。

真営道』の執筆を始め、さらに同年一〇月には、刊本『自然真営道』の序文が仙確によって書かれることになる。刊本『自然真営道』序文は、その執筆の動機を「転下妄失《てんかもうしつ》の病苦、非命《ひめい》にして死せる者のために神《しん》を投じて、もって自然の真営道を著す」と述べている。つまり、天下のでたらめな失政により病気で苦しみ、飢饉であえなく亡くなった者のために、この書を著したと断言している。社会の基底を支える農民が多数餓死するという悲惨な飢饉の体験が、昌益を社会批判に向かわせる契機になったのである。

北からの変革の発信

それでは、なぜ昌益の思想がこの時期に急転回したのか。それは、猪の異常発生と農民の餓死という一連の出来事のなかに、社会や経済の構造的矛盾を見抜いたからではなかろうか。

当時の日本は、元禄年間（一六八八～一七〇三）の高度経済成長を経て幕藩経済体制の全国市場が確立していた。八戸藩の経済もしだいに江戸を中心とする経済の網のなかに組み込まれ、地方が一方的に全国市場に原材料を供給するモノカルチャー（単一栽培）的な経済構造を強いられていたのである。これに呼応して寛延（一七四八～）から宝暦初年（一七五一）にかけて、八戸湊には、江戸から数多くの千石船が出入りしてにぎわいをみせるようになる。

八戸の産物で江戸市場の注目を浴びたのは大豆であった。江戸周辺の田畑は利潤の高い木綿畑に転換したために、醤油や味噌の原料としての大豆は、盛岡藩や八戸藩のものが求められるようになった。八戸藩は寒冷地で、しかも夏でも冷たい東風《やませ》が吹く地域であったので、米よりも寒さに強い大豆などの畑作物を商品として栽培せざるを得なかった。

江戸で大豆の需要が高まるにつれて、藩では大豆生産を強化し、飢饉であっても生産高を強制的に村々に割りあてて取り立てた。農民たちは「大豆に疲れた」（『飢歳凌鑑《きさいりょうかん》』）と悲鳴を上げるほどになっていたのである。

大豆栽培は山すそを焼いて耕作する焼畑農業である。連作すると障害が出るので毎年放棄地が出た。ここに猪が異常繁殖したのである。焼畑の放棄地にはクズやワラビ、山芋などのように地下の根にデンプンを持った植物が生い茂り、これをねらって猪が大量発生した。それがやがて村里にまで降り出して田畑の作物を食い荒らし、農民たちを死に追いやったのである。つまり、大豆畑の無制限な拡大は従来までの自然の生態系を大きく破壊することになった。しかし、昌益はこの因果関係を確実に知っていたというわけではない。

ただ、直感的に何かが狂っている。幕府や藩の産業政策、ひいては都市と農村、消費地と生産地、中央市場と地方市場、そして中央集権と地方分権とのありさまなど、八戸藩を超えた幕藩体制の経済構造の矛盾にしだいに気づくようになったのではないだろうか。農民の労働や地方の生産を一方的に奪い取る経済構造は、結局は政治や社会の問題にいきつくことになる。

ここに至って昌益はたんなる田舎の物知り医者から社会を変える医者に変身していくことになる。社会全体の病気を治療しなければ人間個人の病気は直らないし、幸せは望むべくもないということである。したがって「八戸の地」における矛盾を契機に昌益思想は誕生したといえるし、北の「八戸の地」から社会変革の実現を中央に発信したといえるのである。昌益思想が社会変革に転じたことは、従来の伝統的な五行説による論理説明から四行説に移行したことと照応する。従来までの昌益思想は、木《もく》・火《か》・土《ど》・金《こん》・水《すい》の五要素で説明していたのが、土《ど》を活真《かっしん》と結合させてもっとも根源的なものとしてとらえ、ほかの木・火・金・水の四要素で理論を説明する方法に変わっていった。晩期の著作である稿本『自然真営道』「大序」巻や同「良演哲論」巻、同「法世物語《ほうせいものがたり》」巻は、明確に四行説でその論理を構築している。八戸の地での飢饉体験を契機に思想の論理方法をも大きく転換させたのである。それは昌益の思想内容の成熟と論理構造の深化発展によるものであったといえよう。

5　徹底した平等の主張

聖人批判

昌益思想の特徴は徹底した平等思想にある。人は「万万人《ばんばんにん》にして一人なり」と述べ、人は何万人といようがみんな同じ一人の人間であるとして、すべての人は平等な存在である

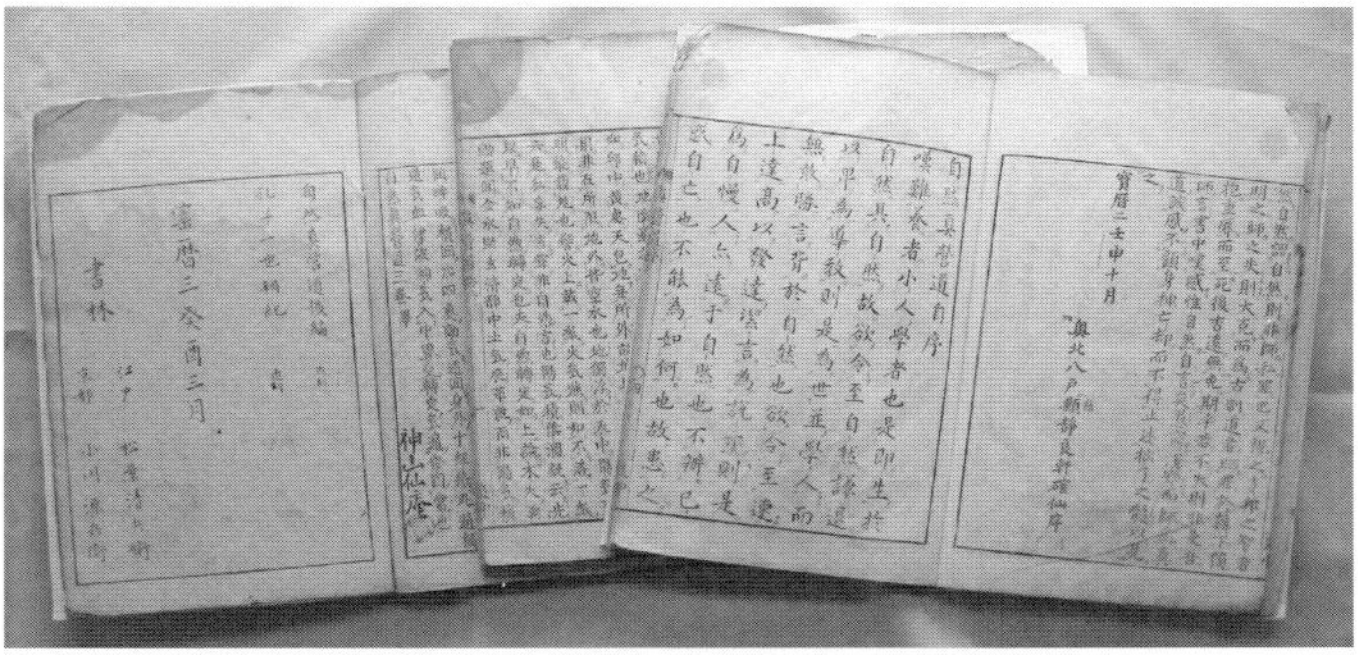

図6　刊本『自然真営道』
神山仙庵が所蔵していた初版本（個人所蔵）。

と主張した。「男女」と書いて「ひと」と読ませ、「人は男女にして人なり」と言い放った。それは日本で最初に男女平等を唱えた言葉であった。

そして、すべての人はみな「直耕」という農業労働に従事し、自らの食料と衣服を自給しながら生きていくのが「自然《しぜん》の世《よ》」の自然の姿であると説いた。そこには、「直耕」という労働の行為にこそ、人の人たるゆえんがあるという主張が込められていた。

ところが、現実の社会では上下の差別があり、力の強い者が弱い者を支配し、労働を搾取して栄華をきわめている。自ら生産労働をせず、他人の労働の成果を盗み取っている者を「不耕貪食の徒」と厳しく問いただした。

それでは、なぜこのような支配し、支配される社会が生まれたのか。それは、孔子などの聖人といわれる人がこの世に現れたからであり、やがて武力を持った帝王が登場して法律や制度を人為的にこしらえたことに始まる。このような人為的な支配社会を「法の世」と名づけた。

昌益に言わせると、聖人とは、中国古代における「伏犠《ふっき》より孔丘《こきゅう》（孔子）に至る十一人の聖者」であり、働かずに衆人の直耕をかすめ取り、口先だけで衆人を支配するイデオロギーを考案した「大罪人」であった。

この法世《ほうせい》に対して、昌益は「自然の世」こそ理想社会であり、この自然世《しぜんせい》の実現を強く迫ったのである。自然世では、すべての人が自然の循環のなかで正しく働き、必要な産物を自ら生産して生活し、貧富の差も上下の支配関係もない、平等な社会であるとした。それは「人に与えて奪い取ることをしない」社会であったのである。したがって、幕府や藩が農民を支配している現実の封建社会は激しい批判を受けることになった。

> 穀を耕し麻《ま》を織り、生生《せいせい》絶ゆること無し。これ活真、男女《ひと》の直耕なり。転定《てんち》（天地）は一体にして上《かみ》無く下《しも》無く、すべて互性にして二別《にべつ》無し。故に男女にして一人《いちにん》、上無く下無く、すべて互性にして二別無く、一般直耕、一行・一情なり。これが自然活真人《かっしんじん》の

世なり。（稿本『自然真営道』良演哲論巻）

「穀物を耕し、麻を織る、このように人間の労働は永遠に絶えることがない。これが人間の本当の生き方であり、人間男女の正しい労働の姿である。天と地は一体のものであって、上もなく下もなく、相互に向かいあうと同時に、影響しあっており、両者の間には差別はない。したがって、人間は男と女がいて、はじめて一人の人間になるのであって、上もなければ下もない。すべてお互いに相対立しながらも相互に依存しあい、両者には何らの差別はない。このように人間は同じように正しい労働を行うことによって、一つの行いや心情を持つようになる。これが自然本来の人の世の中である」。

しかるに、聖人出でて、耕さずしてただ居りて、天道・人道の直耕を盗みて、貪り食らい、私法を立て、税斂《ぜいれん》を責め取る。王民・上下、五倫・四民の法を立て、賞罰の政法を立つ。（稿本『自然真営道』良演哲論巻契フ論）

「ところが、聖人などという者が現れ、労働をしないでただ居りながら、天と人間の正しい営みである労働を盗んで貪り食い、自分たちに都合のよい社会制度を作りあげ、無理やり年貢などの税金を取り立てるようになった。さらに聖人は、王と民、支配する者と支配される者の区別を設け、君臣の義などという五倫や士農工商の身分制度を作りあげ、これを守るために賞罰の統治制度を導入したのである」。

さらに昌益は法世の帝王が軍備という兵力を持つことさえ批判する。軍備こそが国の争乱の道具である。国にとって大事なことは直耕する天道である。しかるに、「軍術は人を殺し、おのれ滅び、人を滅ぼし、おのれ殺される」(良演哲論巻)のである。武力を持つことを全面否定し、「我が道には争いなし。我は兵を語らず、我戦わず」(狩野亨吉)を理念として非戦平和主義の旗を掲げるのである。

米を直耕する農業の追求

昌益は人間の価値を働くことに見出した。働くことが人間本来の自然の姿(営み)であった。この正しく労働することを昌益は「直耕」と表現し、独創的な言葉として世に送り出した。

直耕は必ずしも人間の農耕作業に限定されるものではなく、人間になぞらえて、広く天地が尽きることなく万物を生成する活動をも指す言葉であった。昌益は「天地が運回して四季がめぐり、万物が生まれ続けて尽きないのは、自然の真の働きである。それは進んだり、退いたりして永遠に活動する直耕である」（稿本『自然真営道』私制字書巻序）と述べる。

昌益が尊重したのは、「直に穀を耕す」農民であり、農民が直耕して「春季に蒔き、夏時に草切り、秋季に刈り取りして、冬季に蔵《おさ》む」農業であった。農業は毎年の季節の変化のなかで穀物を作りだし、その穀物を食することにより人間はこの世で生きていくのである。それは、「穀を耕し穀を食い、食して耕し、耕して食う」（『統道真伝』人倫巻）ことによって、与えられた命であった。そうすると、直耕農業は命の根源となる穀物を作り、人の命を生み出す親となる。「農業の道は人倫の生命なる諸穀を生ずる人倫の養父母」（稿本『自然真営道』私法儒書巻）であったのである。

昌益によれば、命の根源となる穀物は、もともと天地自然の精神が凝り固まってできたものであり、米・稗《ひえ》・粟・麦・黍《きび》の穂穀《ほこく》や大豆・小豆などの莢穀《さやこく》などを言った。人間はこれらの「穀物の精」を食することにより「人と成」る。わけても穀物を生み出すもとである「米穀の精」を食して「人と成」ったというのである。

そうすれば、人は「米穀の精」から生まれたことになり、これを昌益は「米穀を食して人となれば、人はすなわち米穀なり」とまで言い切る。人が米粒のなかで成育する様子を「米粒中に人具《そな》わる一真の図解」(『統道真伝』人倫巻)として、図入りで念入りに説明するほどであった。

江戸時代の基幹作物である米を穀物の象徴としてとらえ、これが直耕により生み出され、やがて食によって人間に取り入れられて、活動を支える精力になると考えたわけである。「米は直耕せざれば出でざるなり」と宣言し、「米穀を食すれば人の精力となり、人の精力盛んとなればよく耕し、よく耕せば米穀は倍増する。こうしていよいよ耕して、ますます食し、よく米穀を食すれば人の精力が盛んとなり、子供を生み育てるようになるのである」(『統道真伝』人倫巻)。このように米の直耕と人間活動の相関関係を諄々《じゅんじゅん》と説く。

さらに昌益は米をつける稲は「寿根」「命根」と書いて「いのちのね」と読み、略して「いね」なのであるとこじつける。そして、「米《よね》は世根《よね》」であり、世の根、すなわち人の世をつくる根本であるというのである。昌益にとって、米こそは人間の命をつなぐ尊いものであり、人間社会の根幹を成す食物であった。

米は世根なり。人倫は米に生じて米を食うて、これを耕す。米ある故に人倫の世あり、故に米は世根なり。米無きときは人の世も無し。人、米を食うて人の世あり。故に人の世根は米にあり。故にこれを世根という。世根は米なり。（『統道真伝』万国巻）

「米とは世根のことである。人は米から生じて米を食べ、米を耕している。米があるからこそ、人の世があるから、米とは世根のことである。米がなければ人の世もない。人間は米を食って人の世を営んでいるのであり、人の世は米にこそある。だから米を世根と呼ぶのであり、世根とは米にほかならない」。

農民が直耕して世根たる米を作っているが、凶作や飢饉が起きると農民は真っ先に死ぬ。つねに「死の憂い」と背中あわせで生きていた。とりわけ昌益思想を育んだ東北地方は度重なる凶作や飢饉に悩まされ、「食無きときは死に至る」のが現実であった。それは凶作・飢饉のときだけに限らなかった。平生《へいぜい》とも米を耕す農民は米を食することができず、米は年貢として幕府や藩に上納されるものであった。とくに稲作農業が決定的に不利な寒冷地の八戸藩領では、米よりも畑作物の稗・粟が農民の常食であった。

昌益は直耕する農民がなぜ真っ先に死ぬのか。それはなぜ起きるのか。社会の仕組みやそれを作りあげている制度に問題はないのか。これを強い信念で問いつめていくのである。

エコロジーの先駆性

昌益は「人は自然の全体なり」（刊本『自然真営道』自序）といい、人間は天地自然全体のなかの存在であり、自然なくして人はあり得ないものであった。したがって、人間と自然は一体のものであり、相互に依存しあって生きていくものであるとされる。

そして、「自然とは自《ひと》り然《す》る」ものであり、「いつ始まるともなく、いつ終わるともなく、自り感《はたら》いて動いていく」のが「自然の世」の営みであると説いている。それは自然を客観的にみる近代的な自然観と違い、「自り然る」というように自ら生命あるように活動し、たえず循環していくものが自然ということであった。「草木が春に芽生え、夏に成長して花を開き、秋に実を結んで冬に枯れる。人間もこの自然の運行と同様、この世に生まれ、成長し、結婚して子を産み、やがて老いて土に帰る」（稿本『自然真営道』私制字書巻）のである。

このような自然の大きな循環のなかで、人間と動植物、そのほか諸々の万物は、相互に関連し合い、依存しあって生きていることになる。たとえば、四行の木《もく》は運動のはじめをつかさどるが、終わりをつかさどる水《すい》の性を含む。水は運動の終わりをつかさどるが、始めをつかさどる木の性を含む。だから、木は始めでもなければ、水は終わりでもない。二つの性は相互に補い合って、はじめも終わりもなく、永遠に運動を続ける。

自然とは互性・妙道の号なり。互性とは何ぞ。いはく、無始無終《むしむしゅう》なる土活真の自行、小大に進退するなり。……木は始めをつかさどりて、その性は水なり。水は終わりをつかさどりて、その性は木なり。故に木は始めにも非ず、水は終わりにも非ず、無始無終なり。……これが妙道なり。妙は互性なり、道は互性の感《はたらき》なり。これが土活真の自行にして、不教・不習、不増・不滅に自り然るなり。故にこれを自然という。（稿本『自然真営道』大序巻）

「自然とは互性と妙道とが相互に関連しあいながら統一されたものの呼び名である。互性とは何か。それは土活真がはじめも終わりもない永遠の自立的運動を行うことである。小さく、あるいは大きく進んだり、退いたりすることである。……たとえば、木は運動のはじめをつかさどるが、終わりをつかさどる水の性を含む。水は運動の終わりをつかさどるが、はじめをつかさどる木の性を含む。だから、木ははじめでもなければ、水は終わりでもない。二つの性は相互に補いあっていて、はじめも終わりもなく、永遠に運動しているのである。……この一連の過程が妙道というものである。したがって、妙とは互性のことである。道とはその互性のはたらきかけのことである。以上のことが、土活真の自生的運動である。それは、教えられ習って行うような人為的なものではない。また全体としては何ら増減のない、自立的な運動である。このように動いていく土活真の運動の総体を『自然』というのである」。

この相異なるものが、相互に本質的なものを内在しながら依存している関係を昌益は「互性」と呼んだ。男の本性は女に内在し、女の本性が男にあるという男と女、日の明るさの本性は月の暗さにあり、月の暗さの本性は日の明るさにあるという日と月などが互性の関係であると述べる。

この言葉は、仏教用語にある縁起《えんぎ》という考え方に近似している。縁起は「縁《よ》りて起ること」で、この世の一切の事物はほかのものに依存して起きるという相互依存の関係にあると考える。これと同様、互性とは、この世の事物は互いに依存しながら存在している、とみる見方である。これによって自然と人間のあり方を考えると、自然と人間は一体として生きているということになり、相互に依存し合う「互性」の関係にあるということになる。つまり、生態学でいうエコロジー的思想を昌益は持っていたといえる。

したがって、人間が人間の行為によって動植物の住む自然環境を破壊し、自然の生態系のバランスを崩していくことは許されないことになる。一攫千金を夢みて、金銀を無制限に発掘すれば、「水は湧きがたく、山は崩れやすく、河は埋もれやすくして、ついには人間を内から病気にしていく」（『統道真伝』糺聖失巻）と昌益は語る。今いうところの公害に対して警告を発しているのである。

　金の用は人貯《たくわ》い安き、万万年本処の土中に戻らず、ひとえに掘り取るのみなり。故に土中は金気の堅め弱く、転気は濁りやすく、不正の気行われて人病みやすく、定気は澄みがたく、水は湧きがたく、山は崩れやすく、河は埋もれやすく、地震は揺りやすく、人気は脆くなり、内病《ないびょう》発しやすく、山には木生えがたし。今世の転気・定気・土形・河海・人気は全くこれに応ず。（『統道真伝』糺聖失巻）

「金は人が貯えやすいので、何万年経っても土のなかに戻ることはない。ただ一方的に掘り取られるだけである。だから土中を固める金気は弱くなり、天の気は濁りやすくなり、異常な気によって人は病気になりがちになる。地の気は混濁し、水は湧きにくくなり、山は崩れやすく、河は土砂によって埋まりやすくなり、地震は起こりやすく、人間の気はもろくなって、ついには内から病気になっていき、山には木が生えなくなる。今の世は天の気・地の気・地の形・河や海・人間の気とも、まったくこのような危ない状態に陥っているのである」。

また食物連鎖の生態系の破壊にも昌益は着目する。稿本『自然真営道』第二四巻の「法世物語」は、鳥や獣、虫や魚が集まって人間社会の「法世」を批判する巻として知られている。まるでイソップ童話を読むように機知に富んだ風刺が随所にちりばめられている。このなかで、昌益は「大は小を順に食う自然の仕組み」について論ずる。

「鳥の世は、天真の与えた道にしたがって大きい鳥が小さい鳥を順繰りに食うときには、社会は正常に保たれている。しかし、隼や鷹が人に捕らえられて飼われた後、放たれて野山に帰ると、ふだん食っていた小鳥どもに負けて、かえって逃げ回り、ついには飢え死にしてしまう」（稿本『自然真営道』法世物語巻・諸鳥会合）、と述べている。

つまり、人間が鳥を捕獲して飼うことにより、鳥社会の食物連鎖の仕組みを破壊し、大きな鳥が小さな鳥に襲われる事態が引き起こされているというのである。人間の人為的作為が動物の食物連鎖の生態系を大きく乱す原因となっているとする。

このように人間は自然に無理やり手を加えず、ともに自然のなかで共生していくべきであるという主張は、「自然に帰れ」といったルソー（一七一二〜七八）の考えよりも早く、世界最初のエコロジストであったともいってよい。

地域循環社会の提唱

昌益にあっては、人は自然と一体となって、ひたすら耕しては織り、織っては耕すという直耕の労働行為こそが、「自然の世」の自然な人のあり方であった。

自然の人は直耕・直栽して、原野・田畑の人は穀を出し、山里の人は材・薪木《まき》を出し、海浜の人は諸魚を出し、薪材・魚塩・米穀、互いに易《か》え得て、浜・山・平里の人倫ともに皆、薪・飯・菜の用、不自由なく安食《あんしょく》・安衣《あんい》す。（『統道真伝』糺聖失巻）

「自然の人は自ら耕しては織り、織っては耕す。平地で田畑に恵まれている人は穀物を作って出し、山里に住む人は材木や薪を出し、海辺で生きる人は魚を捕って出す。このように材木や薪、魚や塩、米穀を互いに交換すれば、海辺の人も、山里の人も、平地の人も、すべて薪や飯や野菜に不自由することもなく、安らかに食べて安らかに着て生活することができる」。

ここでは、里や山、浜においてそれぞれ適した産物を生産し、それを交換すれば、「安食安衣」の生活を行うことができるという。それで「平野でも物があり余ることもなく、山里でも不足することもなく、海辺でもあり余ることはない。そうなれば、一方に富める者もなく、他方に貧しき者もなくなる」（稿本『自然真営道』私制字書巻）というのである。

ここには、今でいう地域における循環型社会の成立が構想されていたことになる。それは何も自給自足の社会を作れと言っているのではない。「皆無き所に有る物を運び、ここに有る物をかしこの無き所に遣《や》る」ことによって、米のとれない山里や浜辺では米を食べることもできるし、里や山里でも魚も食べることができるということである。お互いに住む場所によって生産に適・不適があるのだから、それを補いながら相互依存する社会を作れば、「安食安衣」の社会が生まれるというのである。

これこそ地域における生産－流通－消費の循環であり、地域が自立するための相互循環社会にほかならない。昌益は地域における「安食安衣」の暮らしが可能となる循環型の定住社会をいち早く提唱していたのであった。

6　八戸シンポジウム

集会に集まった門人

昌益は八戸で劇的に思想を転回させたが、一七五八年に全国の門人を集めて討論会を開催した。八戸藩士の門弟たちが八戸から領外へ出ていないことを考えると、討論場所は八戸ではないだろうか。一四人の人物が一堂に会するとすれば、昌益が八戸に来たときにはじめて講演を行った天聖寺ではなかろうか。この討論会の様子は稿本『自然真営道』第二五巻の「良演哲論」巻によって知ることができる。この巻は発問者と回答者の討論形式で編集されているものである。

討論会に参加した門弟は、八戸は神山仙確をはじめ福田定幸、北田静可、高橋栄沢、中村信風、島守慈風の六人、ほかは松前《まつまえ》（北海道）の葛原堅衛《けんえい》、須賀川《すかがわ》（福島県）の渡辺湛《たん》香《こう》、江戸の村井中香、京都の有来《ありき》静香・明石龍映、大阪の志津貞中・森映確の七人である。

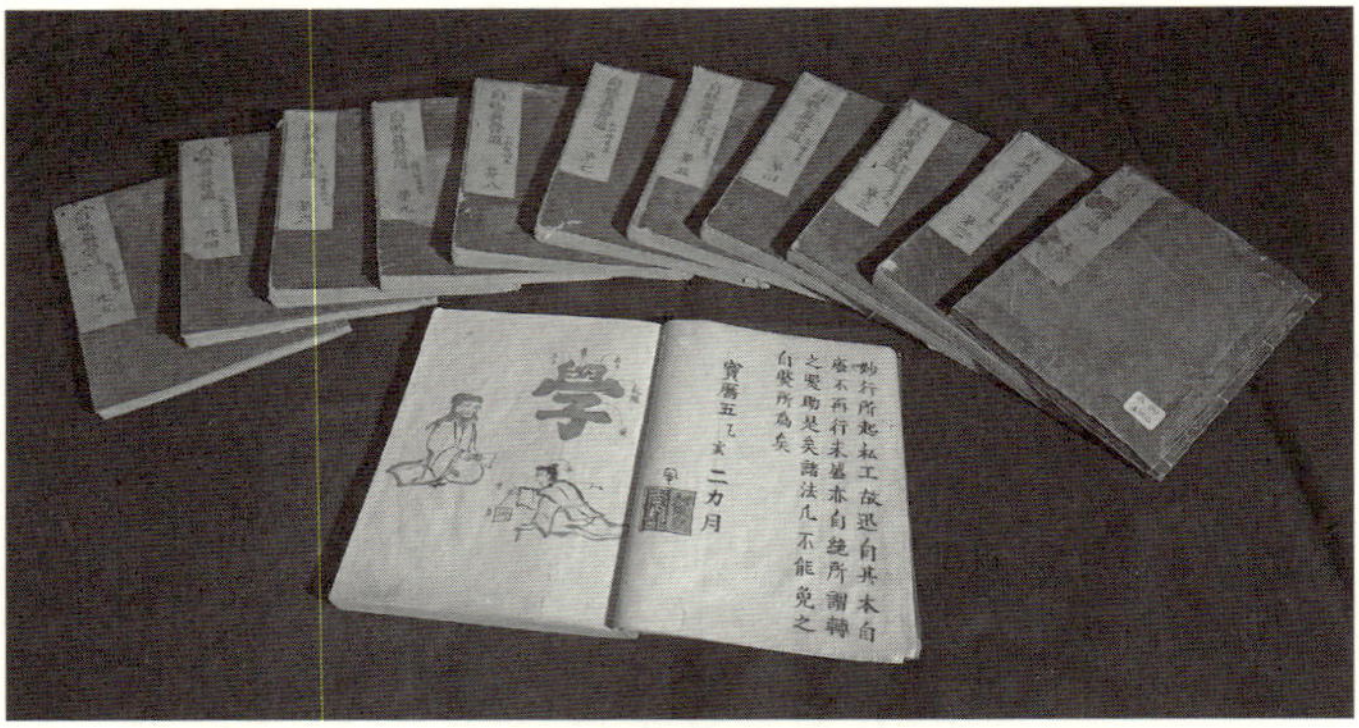

図７　現存する12冊の稿本『自然真営道』

東京大学総合図書館所蔵。
撮影：帆風美術館。

昌益はかねてから執筆していた稿本『自然真営道』が完成したので、自らが到達した最終的思想を門人たちに語ろうとした。稿本一〇一巻は一挙に完成されたものではなく、昌益思想の深化に応じて徐々に執筆され、晩年に書かれた「大序」（稿本『自然真営道』初巻）と「法世物語」（同第二四巻）、「良演哲論」（同第二五巻）で最高の到達を示した。とくに『良演哲論』は「真営道書中、眼燈此の巻なり」と特記されるほど、思想の中心に位置づけられるものであった。

この最高の到達点を昌益たる良中の「良《りょう》」が「演《の》」べ、これを門人の「哲《てつ》」たちが「論」ずるという形で討論が進められたのである。

ここでは、「確門（昌益一門）第一の高弟」

といわれた神山仙確が司会を行い、七七の項目が議論された。仙確は本名を仙庵といい、藩主を診察する側医であったが、先にも述べたように八戸に来た昌益とは早くに親交を結び、昌益の号の確龍堂から一字をもらって仙確と号していた。

シンポジウムの議論

まず、最初に、仙確が、「良中先生、氏は藤原、児屋根《こやね》百四十三代の統胤《とういん》なり。倭国《わこく》羽州《しゅう》秋田城都の住なり」と昌益の出自を明らかにし、次のようにその思想の根幹について述べた。

自り生まれながら自然活真、自感、進退、互性、八気の通《つう》・横《おう》・逆《ぎゃく》に運回して、転定《てんち》、央土《おうど》にして活真の一全体なることを知る。自身、具足の八気、互性、妙道、面部《めんぶ》を以て、転定・人身、一活真の一序なることを明知し、人道は、転活真とともに直耕の一道なることを知る。転真、万物生生《せいせい》の直耕と、穀精なる男女の直耕と、一極道なり。此の外、道と云えること絶無なること、明かし極む。（『自然真営道』良演哲論巻）

「先生は、生まれながらの力で、自然活真が自ら活動して進退し、互性の関係にある八気を生み出し、それらが通・横・逆の回路を運回することによって生じる天地と大地が活真の一大総体であるということを認識した。また、生まれながら備わっている八気の互性にもとづく精妙な道も、顔を観察することによって、天地と人身には活真の運動による秩序が存在していることを明らかにし、人の行う道は天の活真とともに行う直耕と同じものであることを説いた。天の活真が万物を生み出す直耕と、穀物の精である男女が穀物を作るために働く直耕とは、本質的には同じ活真の営みにほかならず、このほかに道なるものは決してあり得ないことを徹底的に明らかにした」。

これに続いて昌益が、「互性の妙道に於いて中《ちゅう》と云うこと絶無なり。これを知らずして『中庸《ちゅうよう》』を作る者は偏惑《へんわく》なり」などと儒教批判・聖人批判を行った。さらに人間の正しい生き方、善悪と心のあり方、男女平等、軍備の廃棄、労働と搾取などといったさまざまな問題を門人たちに提起し、議論を深めていく。最後に「私法盗乱《しほうとうらん》の世に在りながら自然活真の世に契《かな》う論」では、現実の私法盗乱の「法の世」にありながら、いかに「活真の世」(自然の世)を実現するかの過渡的社会の道標を説いた。討論の様子を一つあげると次のようなものである。

仙確が質問する。「どのようにしたら、この世から争乱をなくし、搾取もなく、泥棒もいない社会を実現できるのでしょうか」。

良中先生が答える。「為政者が作りごとの私法を作ってはなりません。活真の道からはずれてはなりません」。

仙確がさらに質問した。「法はどういうわけで悪いものなのでしょうか」。

良中先生が答える。「法は為政者が自分に都合のよいように作るものなので、上に搾取と争乱の根を植えつけることになります。そうすれば、下にも根から生じた枝葉のように泥棒がはびこるのです」。

仙確は納得して感嘆した。

慈風が解説した。「天下がひどく乱れ、国家に搾取と泥棒が絶えないのは、上の方で私法を設けたからです。もともと天下は活真の営む世であるから、作りごとの法はありませんでした。しかし、聖人が上に立って好き勝手な私法を作るようになってから、それが根幹となって搾取と争乱が生まれ、下々にも泥棒がたくさんはびこるようになったのです。これを断ち切るためには、法を廃止して、自然活真の道からはずれないようにしなくてはならないのです」（稿本『自然真営道』良演哲論巻）。

このシンポジウムでは、稿本『自然真営道』第三五巻をもとにした議論があったことが指摘されている。あらかじめたたき台としてのテキストが用意されていたようである。しかも、門弟の発言にはコメントや注釈がついていることから、集会終了後には門弟によって編集作業が行われていた。これらの議論は、最終的には第二五巻の「良演哲論」巻として仙確によってまとめられるのである。

このシンポジウムを境に昌益は八戸から姿を消すことになる。自ら到達した思想を門人に伝授した昌益は、「道に志す者は都市繁華の地に止まるべからず」として故郷の二井田へ旅立った。家族を八戸に残しての単身の帰郷であった。一七五八年の七月、昌益五六歳のころと考えられている。

その後、一七六三年二月、昌益の息子とみられる周伯が、医学勉学のために上方へ行きたいと藩に願書を出すことになる。母と連れだってのことである。昌益は二井田へ行ってから養子を取り、安藤家を再興したが、五年ほど経った一七六二年一〇月に亡くなった。周伯たちは昌益の最期を見届けて上方へ向かったものであろう。一七六三年一二月、周伯は江戸において京都の医家山脇東門への入門手続きを果たすことになる。

7　昌益の原点たる京都

昌益の医学修業

昌益はその思想の全貌を知ることのできる著作が残されている反面、その生涯を語る史料は少ない。とりわけ一七四四年に八戸に現れる以前の足どりはわかっていない。八戸に来る以前はどこにいたのか、京都で医学の修業をしていたと推定されているが、京都のどこで誰について勉学をしたのか、医学修業を始める以前はどうしていたのかなど、その前半生は謎に包まれている。

ところが、近年「儒道統之図《じゅどうとうのず》」という表題の系図が八戸藩士の所蔵資料から発見された。これによると、昌益の儒医の道統（医学を伝える系統）は、伝説上の伏犠から始まり、大成至聖文宣王（孔子の追号）を経て孟子・朱熹《しゅき》などと連なり、日本へは程伊川《ていいせん》より円知《えんち》に伝来し、藤原頼之《よりゆき》、阿字岡三泊《あじおかさんぱく》を通じて「安藤良中」に継承されているのである。良中とは昌益の医師としての号と考えられるから、この医学系図は昌益が医学道統の正統な継承者であることを明らかにするために作成されたものであった。

図８　儒道統之図

戸村家所蔵。

程伊川門人　　　　　　　　　　　　頼之十五世正統

日本南都奥福寺住僧　●清和天皇十三世　洛北堀河之住　二世羽州秋田

円知 ―――― 藤原頼之 ―――― 阿字岡三泊 ―――― 安藤良中

干今於中国代々伝之万々歳　　　　　　真儒伝之一巻有師家ニ也

系図の脇書には、阿字岡三泊は「洛北堀川の住」とあり、安藤良中は「二世　羽州秋田」と記されている。これは、安藤良中は「羽州秋田」の出身で、「洛北堀川の住」の阿字岡三泊に付いて医学を修業し、阿字岡の「二世」といえるほどの直系の弟子であるということを強調したものであろう。

それでは、昌益に医学を教えた阿字岡三泊とはどのような医師であったのだろうか。阿字岡三泊とは医学史上に実在する味岡三伯のことと思われる。味岡三伯は江戸時代前期の日本医学の主流であった後世派《ごせいは》から分派した後世方別派に属する学派であった。後世方別派は饗庭東庵《あえばとうあん》の創始になるもので、味岡はこの饗庭の医統を引き継ぎ、三代にわたって三伯を襲名してこの別派を率いた。

味岡の門下では、初代三伯からは、浅井周伯、井原道閲《どうえつ》、小川朔庵《さくあん》、岡本一抱《いっぽう》らの優れた医家を輩出した。初代と二代の三伯については「医学講説人」といわれる医家であったらしい。二代目三伯については、一七一三年の『良医名鑑』に、「医学講説人　医学家味岡三伯　富小路《とみのこうじ》三条上ル町」とみえている。

三代にわたる味岡三伯の事績を整理してみよう。初代の味岡三伯は、一六二九年に生まれ、一六九八年九月一三日に死去する。行年七二歳。名を為誰、号を偶翁、龍雲軒という。

二代目三伯は、一六六六年に生まれ、一七二六年一二月二三日に死去する。行年六二歳。幼名を勘七、字を淡水、号を白雲子という。伊勢の出身で、初代三伯の養子になる。一七〇四～一五年の間、伊勢山田（三重県）に住す。非凡な俊才といわれ、「九九選方」「薬性記」「医教要訣」などの著書を残している。

三代目三伯は一六八六年に生まれ、一七三八年七月二〇日に死去する。行年五三歳。名を玄二、字を順甫、号を巽斎という。二代目と同じく伊勢の出身で、二代目三伯の養子となる。もっぱら臨床に秀でた名医であり、「膿み腫物の名医」との口伝があり、外科にも堪能であった。

三代目三伯の奥方は、北野天満宮の社家である光乗坊久松能慶の妹、八重である。三代目には、彦六、惣兵衛という息子がいたが、若死にしたため後継ぎがなく、家が断絶する瀬戸際になった。そこで、奥方の甥にあたる久松能音（久松能慶の子）を門人の近藤玄瑞乗福の娘の婿に迎えて、近藤家の跡を継がせるとともに、味岡家の祭祀を継承させることにしたのである。これにより味岡家の祭祀は近藤家に引き継がれた。

三伯の居所については、三代とも富小路通三条上ル（中京区）に住み、墓所は近くの裏寺町蛸薬師《たこやくし》上ル（中京区）の光明寺に所在している。現在初代の墓碑はみえないが、二代目淡水と三代目玄二の墓碑銘が確認される。以上が三伯の事績である。

それでは、昌益が師事したのは三代にわたる三伯の内、何代目の三伯だったのであろうか。「儒道統之図」には、「安藤良中」が「二世」とあるから、昌益は三伯の二世として三伯の医統を継いだことは間違いない。初代三伯は一六九八年の没とされるから、一七〇三年生まれと推定される昌益とは、年代があわない。二代目にあたるのか、三代目にあたるのかは、昌益の医学修業がいつ行われたかによって異なってくる。

昌益研究者の安永寿延は、昌益は生涯の前半生を禅寺で僧として一〇年ぐらい過ごし、それから約一〇年医学の修業を積んで、一七四四年、四二歳で八戸に出現したと推定している。この仮説を前提にすれば、当時医学の修業はおよそ一〇年はかかるといわれていたので、昌益が八戸に来る前の一〇年、あるいは、もし八戸来住以前に京都、ないし江戸で数年間一人前の医師として開業していたとしても、一五年ぐらい前が昌益の医学修業の開始時期にあたるのではあるまいか。

一五年前と仮定すれば、昌益は二七歳ごろとなり、年代では一七二九年あたりが勉学の始まりとなる。二代目三伯が亡くなったのは一七二六年であったから、この時期には二代目がすでにおらず、三代目が一門を継承していた。そうなると、昌益の師匠は三代目三伯ということになろう。

もちろん、二代目三伯の最晩年もまったく可能性がないわけではない。二代目に入門したとすれば、二代目三伯は一七一七年には伊勢山田にまだ在住していたから、入門時期は同年より後年のこととなる。しかし、これでは、医学修業の期間が二代目の没年まで一〇年に満たないことになる。また昌益の年齢も、二代目師匠の没年時にはようやく二三歳に達したばかりであり、この年齢で医学を終業したとすれば、あまりにも若年に過ぎよう。

したがって、昌益は二代目よりも三代目三伯について修業したと考える方がより常識的である。

この結論を補強するものに三伯の奥方の縁がある。三代目の奥方は、北野天満宮の社家

図９　味岡三伯の墓碑

２代目（雲翁淡水)・３代目（巽斎玄二）の味岡三伯の墓碑。京都市中京区裏寺町，光明寺。

撮影：昆悟志氏

である久松能慶の妹であった。北野天満宮といえば、昌益の刊本『自然真営道』（再刊本）が所蔵されていることで知られている。所蔵の理由は、ここは学問の神様であったから、ここに本を献納する慣わしがあり、そのため昌益の本も献納されたといわれている。

ところが、北野天満宮と奥方の縁戚関係を考えると、昌益の刊本が天満宮にある理由は、当時天満宮に献納する慣わしがあったにしても、三伯の奥方が、愛弟子の昌益がはじめて公刊した著書を自分の兄のいる天満宮に献本したと考えることができよう。そうであれば、昌益の師匠はますます三代目三伯であることが強まってくる。

ところで、「儒道統之図」では、中国医学の道統はさておき、日本へ中国医学を伝えたのは「南都奥福寺住僧」の円知であり、円知から「清和天皇十三世」の藤原頼之を経て阿字岡三泊に道統が伝えられたと記されている。円知と藤原頼之については、医学史上にその名前が登場せず、その実在については明らかではない。恐らく架空の人物といってよいであろう。

日本に中国医学を伝えた歴史上の二人の人物としては、田代三喜《たしろさんき》とその弟子の曲直瀬道《まなせどう》三《さん》が知られる。田代三喜は円知が僧であったように僧として明国にわたり、ここで留学中の僧医月湖《げっこ》などより金・元時代の李《り》・朱《しゅ》医学を学び、一四九八年に日本に帰国して鎌倉・

足利・古河などといった関東を中心に中国医学を広めた。活動拠点が京都でない点で、史料の「南都奥福寺住僧」の記載と通ずるところがある。

そして、この三喜から医学を学んで京都に帰り、ここから全国にその医方を広く普及させたのが曲直瀬道三である。道三の医学は近世初頭の日本医学の主流を形成するほどとなったが、この曲直瀬門下から分派した系統のなかに、後世方別派の味岡三伯がいたのである。

そうしてみると、「儒道統之図」の円知－藤原頼之－阿字岡三泊の道統は、中国李・朱医学の日本伝来という観点からみると、医学史的には田代三喜－曲直瀬道三－味岡三伯の道統に置き換えることができる。円知は田代、藤原は曲直瀬のことを指していると考えられる。医師としての昌益はこのような道統の流れに位置づけられていたということになる。

昌益の医学的立場

昌益は「儒道統之図」によって知られた通り、京都で医学を学び、その師匠は味岡三伯であった。三伯の医学的立場は後世方別派に属していた。

後世方別派とは、富士川游『日本医学史綱要』などによると、明暦・寛文年間（一六五五～七二）に林市之進らとともに饗庭東庵が唱道した一派である。この学派は「素問《そもん》」「霊枢《れいすう》」「難経《なんぎょう》」などの古典を基本とし、ことに金の劉完素《りゅうかんそ》や張子和《ちょうしか》の説にしたがい、陰陽五行の自然哲学から派生した運気説を医学に導入して五運六気の説や臓腑経絡《ぞうふけいらく》配当の論を唱えた。このためこの学派は劉張医方《りゅうちょういかた》、素霊《それい》派とも呼ばれる。

この饗庭の門人が味岡三伯であり、三伯は三代にわたってこの学派を受け継いだ。多数の医書の解説書を出したことで名高い岡本一抱（近松門左衛門の弟）や本居宣長の医学の師である堀元厚（小川朔庵の門人）、『和漢三才図絵《わかんさんさいずえ》』の著者寺島良安らもこの学派に属した。先に、昌益が学んだのは、三代続いた三伯の内、三代目の三伯であったと推定した。「儒道統之図」の発見の有無にかかわらず、従来から昌益の医学の立場は、運気を重んずる医論から考えて後世方別派であろうと指摘されていた（安永寿延『安藤昌益』平凡社）。刊本『自然真営道』には、「それ暦と運気は天下の大事、あらゆる道の大本、いたって重き道なり」（第三巻）などと記述されており、運気を重視する立場をとっていた。

しかも、人体の臓器の中で胃を「人身の中央土」として重要視する昌益の病論は、味岡三伯の医論に一致するとも論究されていた（小林博行『食の思想』以文社）。これらの指摘通り、昌益の医学の基本は、まさに後世方別派の味岡三伯の学統に位置していたのである。

ところが、研究者によっては、昌益の医学は後世方の教養のもとにあったことは認めながらも、後世派の一員として数えることを否定したり、あるいは、独学やそれに近い形で医学を学んだとする見解を持つ人もいる。しかし、「儒道統之図」から考えると、昌益の医学の立場は、その出発時においては、紛れもなく後世方別派そのものであったといえる。

なお後世方と対立する医学の立場には古医方（古方）があった。古医方は主流を占めていた道三流に対して、金・元より古い漢代の医書『傷寒論《しょうかんろん》』に復帰する学統である。名古屋玄医《げんい》を創始として香川修庵《しゅうあん》や山脇東洋、吉益東洞《よしますとうどう》らによって宝暦年間以後に発展をみた。それまで主流の医学は漢代より「後」のものという意味で、後世方と呼ばれた。香川らの古医方は実証的医学の「親試実験《しんしじっけん》」を掲げて運気の臓器への配当論を批判し、投薬では「病を攻めるに毒薬を以てする」という攻撃的療法を主張した。

これに対して昌益は「毒を以て毒を制する」治療法を痛烈に否定し、人間の持つ自然治癒の力を絶対的に信頼した。古医方に対しては、「大序」巻の一節に、「八気互性を知らずして医をなすは古方なり。故に一、一、人を殺すなり」（稿本『自然真営道』大序巻）と述べる。昌益は病理の追求を人間の身体のみに限定し、自然と気の相互循環によって生起するという認識を持ち得ない古医方を厳しく批判した。

ちなみに昌益の医科学思想は、江戸時代に本道といわれた内科や外科ではなく、「いのち」を生み、育てる産婦人科をきわめて重視した。医学諸門の冒頭に産婦人科を置き、次に小児科を配するという医学大系を構築していた（大序巻の「自然真営道統目録」にみえる医門の配列）。それは、「夫婦は人倫の大本」と唱え、「男女にして一人」という平等思想の当然の帰結であった。

富小路通三条界隈

昌益は三代目味岡三伯に師事して医学を勉強していた。昌益の勉学場所は「儒道統之図」にあるごとく、最初は、師匠の三伯の住む「洛北堀川」（上京区）で行われた。しかし、師匠が味岡家に養子に入り、正式に三代目に就いてからは、二代目が住む富小路通三条上ルに転居した。昌益も師匠に付いて富小路通三条上ルに移ることになる。そうすると、この富小路通三条界隈が京都における昌益の勉学場所となった。

三代続いた三伯の内、二代目三伯はかなりの数の医書を書いている。大阪市の武田薬品杏雨書屋《きょううしょおく》や京都大学・東京大学などの図書館には『味岡三伯切紙』などの刊本や稿本が残されている。昌益からみれば先代の師匠にあたるわけであるが、この場所で、先代の著した医書は当然熟読して身につけていくことになる。

参考のためにあげておくと、三伯関係の医書としては『味岡三伯先生切紙完』(武田科学振興財団杏雨書屋所蔵)、『味岡三伯切紙全』(同書屋所蔵)、『医学切紙伝受』(同書屋所蔵)、『医学詳解』(同書屋所蔵)、『医学須知』(同書屋所蔵)、『家伝切紙』(京都大学附属図書館所蔵)、『黄扁性理真詮』(同館所蔵)、『浅井周伯切紙之辨』(同館所蔵)、『味岡流薬性修治』(同館所蔵)、『九九選方』(東京大学総合図書館所蔵)、『家伝十四経全』(同館所蔵)、『改正切紙辨鈔』(国立公文書館所蔵)、『諸疾目録回春病門次第』(松阪市宣長記念館所蔵)、などがある。

富小路通三条界隈には、後年昌益の門人となる有来静香と明石龍英の二人が住んでいた。有来は「京富ノ小路」、明石は「京三条柳ノ馬場上ル」に住んでおり(稿本『自然真営道』良演哲論巻)、富ノ小路と柳ノ馬場とは背中あわせの町内であった。

両人はいつから昌益の門人になったかは不明である。しかし、一七五八年に八戸で開かれた全国討論会に両人は出席して発言しており、大阪を含めた上方を代表する有力門人であったに違いない。素性はわかっていないが、医者ではなかったかと考えられている。恐らく昌益とは京都で医学を勉学していた時に知り合ったものであろう。あるいは『自然真営道』が小川屋から出版されたときに、昌益の学説に魅了されて入門を志願したのかもしれない。なお大阪では、森映確・志津貞中の二人が門弟であった。この二人は薬問屋街の道修町《どしょうまち》やその隣町の横堀に住んでいるので、薬種関係ないし医者であったとみられている。

新京極・長崎屋界隈

一方、富小路通三条上ルにほど近い新京極には、昌益の刊本『自然真営道』を出版した版元の小川源兵衛が住んでおり（中京区寺町通蛸薬師上ル）、その西隣の町内には、同じ小川一族の本家と目される京都随一の書林小川多左衛門が店を構えていた（中京区六角通御幸町西入ル）。多左衛門は貝原益軒や西川如見の著作を独占的に出版していたほか、版を重ねた宮崎安貞の『農業全書』を出版する老舗として知られていた。

これら二軒の小川屋とは、昌益は強い絆で結ばれていた。小川源兵衛からは、一七五三年三月に三冊本の『自然真営道』を刊行しており、しかも巻末に『孔子一世弁記《べんき》』を発刊する予告も掲載していた。当時このような本を三〇〇部出版するには二〇〇両前後の大金を要すると算定されており、この出版資金の準備のほかに、遠く離れた八戸から出版を依頼するわけであるから、特別な縁故がなければ難しいはずである。

また京都随一の書林である小川多左衛門は柳枝軒《りゅうしけん》と号する筆名を持っていた。この柳枝軒は、昌益が著述を始める初期には使用していた筆名であるから（延享元年「詩文聞書記」と延享二年『暦ノ大意』に「確龍堂柳枝軒」と記載）、この多左衛門と昌益は何らかのつながりを持っていたことになる。

そこで、小川屋と昌益との間には縁戚関係があったのではないかと推測されている。つまり、昌益の妻は、小川源兵衛か、あるいは、その一族の小川多左衛門たちの娘であったと考えられている。これを裏づけるのが、八戸藩日記にある安藤周伯の上方への医学修業の願書である。

昌益が死去した一年後の一七六三年二月に、昌益の息子の周伯は母をともない上方に医学修業に上りたいと藩に願い出た。同年一二月、京都の山脇東門に入門しているが、母、すなわち昌益の妻が京都に上るということは、京都に妻の実家があるということを物語っている。さらに周伯が京都で医学修業をしている間、学費や生活費などの援助をしたのは誰なのかを考えると、母の実家というような強い縁戚者がいなければできないことであった。

このように考えると、昌益の妻は、小川源兵衛か、あるいはその親戚の娘であった可能性が高いのである。そうすると、昌益と妻の出会いは自然と書物を通じての結びつきであったことになる。昌益は、医学修学中は、いわゆる苦学生であったから、勉学するために小川屋の書店に入り浸り、架蔵していた書物群を読みあさっていた。これが縁となり、店主の小川源兵衛や多左衛門に見込まれて、小川屋の娘か、一族係累の娘を紹介されて結婚したのではなかろうか。やがて昌益は八戸に移住する前に男一人、女二人の子をもうけることになる。

昌益にとって書店が架蔵する書物は大きな魅力であったろう。昌益が八戸に来てから刊本『自然真営道』や『統道真伝』、稿本『自然真営道』などの著作を矢継ぎ早に執筆するが、その論述にあたっては、医書はもちろんのこと、中国の名だたる古典籍をはじめ、日本の書籍や学者の論説を多数引用している。引用本は図書館のような知の体系が所蔵しているものでなければ、読み得ないものばかりである。当時は身分にかかわらず誰でも利用できる図書館はなかったから、書店の書物は知識の源であった。

そして、書物を読んだ後は「読書ノート」のようなものを書き綴っていた。八戸に残されている『暦ノ大意』『博聞抜粋』『禽獣草木虫魚性弁』などの筆記録は、昌益が書物から要点を抜き書きし、自説を付け加えて作成したものである。このほかにもたくさんの書物から書き写した「読書ノート」群が京都勉学時代にはあったと思われる。

富小路を東に向かい、河原町通を隔てた大黒町には、阿蘭陀宿の海老屋があった（中京区河原町通三条下ル大黒町）。これもさして遠くない近隣地である。阿蘭陀宿とは長崎のオランダ商館長（カピタン）や通詞らが江戸参府の途上に宿泊する定宿で、長崎屋と呼ばれていた。

昌益は、オランダについては『統道真伝』万国巻のなかでその社会・政治制度や文物などについて称賛的に記述している。さらに「京人某は長崎商船奉行の下役で、わが門人である。数十年これを勤め、唐・天竺・阿蘭陀の到来物を調べている」と記している。昌益が長崎に出掛けていって海外渡航までも目論んだなどといわれるほどに、オランダについては詳しい。

昌益は、カピタン一行が京都に滞在している間、この長崎屋におもむき、一行の通詞や随員などからオランダの情報を聞き出したに違いない。門人に長崎通詞の一人がいたことも情報を得る手助けになったであろう。長崎屋は江戸日本橋にもあり、ここには門弟の村井中香が住んでおり、村井を通して長崎屋を訪ねる機会はあったと思われる。カピタン一行と外部との接触は、どこでも厳しく制約されていたが、監視役人の手心次第ではオランダ人と話ができたといわれているので、かなりの人が長崎屋を訪れていたらしい。京都の長崎屋は江戸と並んで昌益の海外知識を獲得する情報場所となっていた。

このように京都における昌益の勉学場所は富小路通三条とその近辺界隈にあった。恐らくこの界隈に住まいして、味岡三伯から医学を学びながら勉学に励み、書店で本を貪るように読みふけって学問研究の素地を築いた。仏門での修行とともに、いわば昌益思想の根底を形作った場所といえよう。

また書籍を通して妻とめぐりあうとともに、後年門弟になる医師たちとも出会い、口角泡を飛ばして議論したこともあったろう。さらに長崎屋を訪ねて海外の新知識を手に入れた場所ともなったし、昌益の最初にして最後の刊行物となった『自然真営道』を出版した思い出の地でもあったのである。

仏道入門と医学への志

一七四六年の宗門改帳によれば、昌益は四四歳で八戸城下に居住していた。そうすれば、一七〇三年に二井田村（秋田県）に生まれたとみられる。その後、どのような経緯があったのか「他国に走り」、京都に上京することになる。

しかし、昌益は何のために京都に来たのであろうか。いつごろどのような経緯をたどったのか、それは何ゆえであったのか、すべてがわかっていない。

最初は禅寺に入門したのではないかと指摘されているので、二井田村の安藤家の菩提寺温泉寺は曹洞宗であることを考慮すると、この温泉寺ルートで京都に登ったとも考えられるが、確証はない。ただ見逃せないのは、京都の堀川の地が昌益の出身地である大館地方と強い学問的交流があった事実である。

堀川の地には、伊藤仁斎の私塾古義堂が所在していた。仁斎は朱子学による儒学の解釈を排し、直接『論語』などの古典にあたってその意味をとらえようとする古義学を提唱し、その学派は古学派、あるいは堀川派と呼ばれた。日常道徳の平易な教えを説いたので、入門者が相次ぎ、しだいに諸国に広まった。一七〇五年の仁斎死去後は、子の東涯《とうがい》が跡を継ぎ、正徳から元文年間（一七一一～四〇）にかけてもっとも隆盛を極めた。

大館地方の鷹巣綴子《たかのすつづれこ》村（北秋田市）の宮野尹賢《いんけん》は、一七一五年に伊藤東涯に入門し、帰郷してからは村に内館《うちだて》塾を開き、学問を教授した。宮野の後任となった般若院英泉《はんにゃいんえいせん》も、仁斎の門人から本草学・医学を学んだ松岡恕庵《じょあん》に入門している。また、十二所《じゅうにしょ》（大館市）に住んだ医師武田三秀《さんしゅう》は東涯の門人であったし、その跡継ぎの武田三益《さんえき》も東涯の異母弟の伊藤介亭《かいてい》に学んだ。大館地方にいる知識人は、昌益が京都で医学修業を始めるころには、京都堀川学派に相次いで入門して学問を修めていたのである。

このような大館の知識人と堀川学派との学問上の強い結びつきを考えあわせると、その延長線上には、大館地方の堀川学派入門ルートに沿って昌益が京都へ登ったということも推論することができる。しかし、それが本当に昌益を京都に向かわせたルートであったかは別にして、大館地方の人を京都に登らせる大きな潮流の一つにはなっていたであろう。

禅門修行と医師への転身

昌益が京都へ来た理由や経緯は不明であるが、先に述べたように、京都在住時代の前半生を禅寺で僧として一〇年ぐらい過ごし、それから一〇年ほど医学の修業を積んで、一七四四年に四二歳で八戸に出現したとの仮説が立てられている。

昌益が仏門に入ったと推測される最大の理由は、稿本『自然真営道』私法仏書巻に、「修行中に雨水が垂れて溜まったのを見て忽然として迷いが解消した。これを数十年来の禅修学の老僧が聞いて、悟りを開いたことを認め、印可を与えて如意と払子《ほっす》を授けた」、という記述があることによる。

つまり、禅寺での修行中に悟りを開き、一人前の僧としての印可を得たのである。このことから昌益は禅寺で修行をしていたと推測されることになったのである。

さらに良中の号名からも禅寺入門が推測されている。昌益は医師として「良中」の号を使っていたが、室町時代の臨済宗一山派の僧に「大本良中」という法名を持った僧がおり、この法名の使用から、良中は禅宗系の法名であると確認することができる。そうすれば、禅修学の老僧から印可を受けた時の法名がこの良中であったことになり、昌益は若い時代の一時期に禅宗の寺で修行を積み、ここで良中を名乗り、印可を受けていたのである。

以上のほかにも、昌益が仏門で修行したことをうかがわせるものに、「直耕」と「互性」という昌益独特の概念がある。

「直耕」は直接農耕に従事する、あるいは正しく耕作を行うなど、「直《てずか》ら」耕すことに力点を置いた言葉である。そもそも、この「直耕」は、安永寿延によれば、道元が禅の修行を行う意味で使った「耕道」(『正法眼蔵』)と似かよった表現であり、その意味の淵源は原始仏教にある「修行者は田を耕す」(『ブッダのことば』)という仏教の修行方法にあった。この禅の修行方法を昌益は耕作という本来の意味に引き戻し、さらに全自然の自発的運動という意味をも付け加えて、直耕という新たな言葉を創り出したのである。

昌益はこの直耕の言葉を造るにあたり、曹洞宗の開祖である道元の著作を熟読しながら、漢訳仏典などの原書を読みこなし、「耕道」と「田を耕す」という概念に行き着いたと考えられるから、仏門、中でも道元系統の禅宗寺院に入ったのではないかと推測されることになる。

もう一つの特色をもった言葉である「互性」については、互性は「性を互いにする」関係、つまり、相異なる両者が相手のなかに相互に依存しながら存在する関係を指している。これは仏教用語である「縁起」に近い言葉である。

縁起とは「これがあるとき、彼があり、これが滅びることによって彼が滅ぶ」というように、この世の一切のものは相依相関の関係にあることを意味している。これと同様、互性は、この世の事物は相互に依存しながら、大きな輪になり循環して存在していく関係のことであり、縁起と同じような意味内容を有していた。

そう考えると、昌益の基本概念の底流にはきわめて仏教的思考が含まれていることになる。「直耕」や「互性」という昌益独特の言葉は、昌益が仏門、その中でも禅門で修行して身につけた思考方法であり、この仏門で学んだことが後年の昌益思想の原型を作り出したことになる。

ところが、昌益は仏門での印可を受けた後、突然僧を辞めて、医学の修業に入ることになる。若くて多感な青春時代に一〇年もの苦しい修行を耐えて一人前の僧になったのに、なぜ医学の道を志したのであろうか。この理由も京都に登った理由と同じくわかっていない。

後年の「社会を診る医者」としての昌益思想から察すると、来世の霊魂を救済する仏教よりも、現世における人々の命を救う医療こそが進むべき道であると決意したものと想像するほかはない。このことについて昌益は自らの著作に何も語ってはいない。ともあれ、一人前の僧として印可を受けた三〇歳前ごろには、仏門から医師に転身し、味岡三伯の門をたたき、医学の道をひたすら歩み始めることになる。

ところで、昌益は、八戸においては、「儒道統之図」に記されているごとく「良中」の名前で医師として現れた。良中は僧として印可を受けた時の法名であったから、法名の良中を医師の道を歩んだときにも使うようになるし、刊本『自然真営道』以降、最晩年の著作に至るまでこの良中の号を一貫して使用しているのである。そうすると、医師として出発した昌益ではあったが、その思想形成の原型はすでに禅者としての良中の中にあったことになる。禅門で培われた思想を基にして医師として思想が育まれ、やがて八戸に移住して著作を執筆をしながら、社会の現実を厳しく追及することになる。

8　昌益が遺したもの

昌益の人となりと生き方

八戸の十三日町に住んでいた昌益は町医者として生計を立てながら、家族五人で生活をしていた。昌益ははたしてどのような人だったのであろうか。

昌益の人となりや生活態度について、神山仙確は「大序」のなかで次のように記している。

昌益先生は私の師です。しかし、昌益という人には師もおらず、弟子もいません。人が自然真営道《しぜんしんえいどう》の道を問えば答えてくれますが、私ごとには決して答えてくれません。だから、私は昌益先生の道についての答えをもって師としています。

先生の人となりについては、聖人・釈迦・老子・荘子・聖徳太子などが、到達し得なかったことをすべて書き著し、古典の字句の解釈などについては一切語りません。万物に備わっている道、すなわち明と暗に代表される事物が互性の関係にあるということを知り尽くしています。先生のすばらしい認識と見事な実践を見るとき、まさに活真そのものの人（活きて真《まこと》なる人＝自然真営道の体得者）です。

自ら田畑で直耕を行う代わりに、活真の営みを『自然真営道』の書に綴り、後世に伝え残す仕事を行っています。これこそ筆による直耕だといえます。先生はこのように考えて『自然真営道』を数十年にわたって書き継いでこられたのです。昌益先生の顔立ちは美しくもなく、醜くもなく、ごく普通です。生活は質素で、朝夕の飯と汁のほかは特別なものは食べず、酒も飲みません。妻以外の女性とは交わることはありません。先生は道と関係のないことを尋ねても語ろうとしませんが、世のため道のためになることには、尋ねられなくとも語り、片時も無駄なく、正しい生き方を怠りません。

他人を褒めることもけなすこともなく、自分を自慢することもへりくだることもありません。地位の高い者をうらやむことも、低い者をさげすむこともありません。

家計は貧しくもなければ、豊かでもなく、借金もしないかわりに、人に金を貸すこともありません。季節の贈答は今の世の習い通りに行いますが、それにあまり気を遣いません。周りの人が褒め讃えると、私はつまらない人間になったと嘆き、逆にけなされると、間違っていなかったと喜びます。そもそも、褒めたり、けなしたりすることは、愚かな賢人や聖人がすることで、正人がすることではないと超然としています。

先生は道以外は教えませんが、もともと道は人に備わっているものであるとして、教えることも、習うこともないといいます。人に備わる道については、問われなくとも、勧められなくとも、自らその道を実践し続けております。

自分や他人を甘やかさず、かといって憎みもしません。わざとらしく親に孝行もしなければ、不孝もしません。歌舞音曲や遊戯ごとはそれなりに聞いたり、見たりしますが、それに心を奪われることはありません。しかし、それについて尋ねられると何一つ知らないことはないほどです。世間の贈答は世の慣わし通りに行うが、必ずしも善いことだとは思っていません。人が欲しがれば物は惜しまずに与えますが、欲しがりもしない物は押しつけることはありません。人の生死は、活真が進んだり、退いたりする互性の現れであると自覚しているので、ことさら生の喜びや死の恐怖を感じることはありません。

驚くことに、先生は不思議な力を持っています。一度でも人の顔を見ると、その人の心のあり方や行いの仕方まで見通すことができるのです。（稿本『自然真営道』大序巻）

このように昌益は良くもなく悪くもない顔立ちをし、ごく普通の平穏な家庭生活を送っていた。格別世間のしきたりや他人と争うこともなく、清貧な暮らしぶりを心がけていた。したがって、城下の繁華街である十三日町に住んではいても、それほど目立つような町医者ではなかったようである。ただ、人に対する洞察力は鋭く、道に対する信念は確固たるものがあったから、内面的には高い信念を持って日々の生活を続けていたと思われる。

仙確は、文の最後に「あまねく天下の古今東西を通じて、私は先生のような人がいたことを聞いたこともなければ、ましてや見たこともない。たとえ、ないとは言えないとしても、私はいまだ聞いたことがないし、また存在するとは思えないのである」と結んでいる。昌益の希有な人となりとその生き方を称賛してやまない。

昌益の遺言

故郷二井田で、昌益は「守農太神」といわれるほどに農業に指針を与え、伝統的宗教行事の見直しを農民に説きながら、農村生活の意識改革に力を尽くした。確門第一の高弟である神山仙確は、一七六二年一〇月一四日に昌益が死去したことを知らされた。仙確は八戸において稿本『自然真営道』の最終巻である「大序」を編集していたが、編集にあたり、次のような昌益の決意をその末尾に付け加えた。

人ありて『真営道』の書を誦《しょう》し、直耕、活真の妙道を貴ぶ者、これある時は、これ乃い『真営道』の書、作者の再来なり。

この作者、常に誓って曰く、「吾れ、転に帰し、穀に休し、人に来る。幾幾《いくいく》として経歳《けいさい》すといえども、誓って自然活真の世となさん」と言いて、転に帰す。果たして此の人なり。これ此の人、具足の活真、転の活真に一和して、活真の妙道自発す。故に誓って違《たが》わず。（『自然真営道』大序巻）

「誰か『自然真営道』の書を声を出して読み、直耕という活真の妙道を貴ぶ者がいたら、それはいうまでもなく、『自然真営道』の著者の再来である。この著者の昌益はいつも誓っていっていた。『私は死んで天に帰り、ついで穀物のなかで休らい、やがて人として生まれる変わる。いかに年月を経ようとも、誓って自然活真の世を実現してみせよう』。こういって天に帰っていった。自然真営道を明らかにしたのは紛れもなくこの人であった。この人は、自分に備わっている活真を天の活真に一和させて、活真の妙道を自ら体現したのである。だから、この誓いに決してたがわなかったのである」。

つまり、私は死んで天に帰り、ついで穀物のなかで休らぎ、やがて再び人として生まれ変わる。いかに年月を経ようとも、誓って「自然活真の世」を実現してみせよう。こう言って昌益は天に帰っていったというのである。

昌益は現実の「法の世」にあって、人間が人間らしく生きていくことが正しいものとして評価される世の中、つまり、「自然活真の世」を必ずや今の世に実現してみせる、と力強い決意を残してこの世を去ったのである。


【参考文献】

安藤昌益研究会（一九八二～八七）『安藤昌益全集』全二一巻・別巻一、農文協。

近藤鋭矢（一九八七）「味岡三伯とその周辺のことども」『啓迪』第五号、京都医学史研究会。

安永寿延（一九九二）『安藤昌益　研究国際化時代の新研究』農文協。

安永寿延・山田福男写真（一九八六）『写真集　人間安藤昌益』農文協。

索　引

あ　行

か　行

さ　行

た　行

な　行

は　行

ま　行

や　行

ら・わ　行

《著者紹介》

各章扉裏参照。

シリーズ・いま日本の「農」を問う⑫

現代に生きる日本の農業思想

——安藤昌益から新渡戸稲造まで——

2016年1月30日　初版第1刷発行　〈検印省略〉

定価はカバーに
表示しています

著　者　並松信久
　　　　王　秀文
　　　　三浦忠司

発行者　杉田啓三

印刷者　坂本喜杏

発行所　株式会社　ミネルヴァ書房

607-8494　京都市山科区日ノ岡堤谷町1
電話代表　(075)581-5191
振替口座　01020-0-8076

冨山房インターナショナル・兼文堂

ISBN 978-4-623-07310-8

Printed in Japan